上海市团体标准

既有建筑智能化改造技术标准

Standard for building intelligent system renovation of existing buildings

SIBCA 06—20—TBZ001

主编单位：上海延华智能科技(集团)股份有限公司
批准团体：上海市智能建筑建设协会
实施日期：2021 年 8 月 30 日

同济大学出版社

2021　上海

图书在版编目(CIP)数据

既有建筑智能化改造技术标准/上海延华智能科技
(集团)股份有限公司主编. —上海：同济大学出版社，
2021.10

ISBN 978-7-5608-9917-6

Ⅰ.①既… Ⅱ.①上… Ⅲ.①建筑物-改造-技术标
准-上海 Ⅳ.TU746.3-65

中国版本图书馆 CIP 数据核字(2021)第 193147 号

既有建筑智能化改造技术标准

上海延华智能科技(集团)股份有限公司 主编

责任编辑 朱 勇
责任校对 徐春莲
封面设计 陈益平

出版发行 同济大学出版社 www.tongjipress.com.cn
(地址：上海市四平路 1239 号 邮编：200092 电话：021－65985622)
经 销 全国各地新华书店
印 刷 江苏凤凰数码印务有限公司
开 本 889mm×1194mm 1/32
印 张 3.25
字 数 87 000
版 次 2021 年 10 月第 1 版 2021 年 10 月第 1 次印刷
书 号 ISBN 978-7-5608-9917-6
定 价 40.00 元

关于发布上海市团体标准
《既有建筑智能化改造技术标准》的公告

智建公告〔2021〕001 号

上海市智能建筑建设协会经组织专家委员会审查,现批准《既有建筑智能化改造技术标准》为上海市团体标准,编号为 SIBCA 06—20—TBZ001。本标准自 2021 年 8 月 30 日起实施。

本标准由上海市智能建筑建设协会负责管理,主编单位上海延华智能科技(集团)股份有限公司负责具体技术内容的解释。

上海市智能建筑建设协会

2021 年 7 月 6 日

前　言

　　根据上海市智能建筑建设协会《关于下达既有建筑智能化改造技术标准编制任务的通知》(上智协标准字〔2020〕01)，编制组经过广泛的调查研究，认真总结实践经验，参考国内外有关标准，并在广泛征求意见的基础上，编制了本标准。

　　本标准共分9章，主要内容是：总则、术语和缩略语、基本规定、改造等级、智能化改造勘察和诊断、智能化改造设计、智能化改造施工、智能化改造竣工验收、智能化改造系统运行维护和信息安全要求。

　　本标准由上海市智能建筑建设协会负责管理，主编单位上海延华智能科技(集团)股份有限公司负责具体技术内容的解释。执行过程中如有意见或建议，请寄送上海延华智能科技(集团)股份有限公司(地址：上海市西康路1255号七楼；邮编：200060)。

　　本标准主编单位、参编单位和主要起草人：

主 编 单 位：上海延华智能科技(集团)股份有限公司

参 编 单 位：上海银欣高新技术发展股份有限公司

　　　　　　　上海智信世创智能系统集成有限公司

　　　　　　　上海云思智慧信息技术有限公司

　　　　　　　上海格瑞特科技实业股份有限公司

　　　　　　　上海市安装工程集团有限公司

　　　　　　　上海信业智能科技股份有限公司

　　　　　　　上海高诚智能科技有限公司

　　　　　　　华为技术有限公司

　　　　　　　华东建筑设计研究总院

　　　　　　　上海建筑设计研究院有限公司

主要起草人： 王东伟　黄文琦　刘　雪　戴卓莹　葛少军
　　　　　　　应　寅　范　曦　陈舟杰　高　明　陈众励
　　　　　　　印　骏　陈杰甫　卫　文

目　次

Contents

1 总　　则

1.0.1　城市有机更新、数字化转型和既有建筑综合改造是"十四五"期间我国城市发展的重要发展方向之一,通过采用先进和实用的智能化技术对既有建筑进行智能化改造,实现智能、绿色、节能、健康和安全等目标,提升建筑综合性能、技术、管理和服务水平,推进建筑产业可持续发展。为建立既有建筑智能化改造标准体系,特制定本标准。

1.0.2　本标准适用于既有建筑智能化改造中的勘察诊断、改造设计、改造施工、改造验收以及运行维护。

1.0.3　既有建筑智能化改造,除应符合本标准外,尚应符合国家和上海市现行有关标准的规定。

2 术语和缩略语

2.1 术 语

2.1.1 勘察诊断 survey and diagnosis

为改造既有建筑获取其功能或性能所进行的调查、勘察、检测、评估和鉴定等工程活动。

2.1.2 节能改造 energy-saving renovation

通过室内热环境、围护结构的热工性能、暖通空调和通风系统及运行情况的分析,对拟改造建筑的能耗状况及节能潜力做出评价和评估,在保证既有建筑健康的室内环境和室内人员舒适度的前提下,应用节能技术使其达到节能指标的过程。

2.1.3 瞬时日差 instantaneous daily clock time difference

在一个很短的时间间隔内用校表仪器或其他类似仪器测得的钟表走时误差。一般以日差值(秒/日)来表示。

2.1.4 安全防范综合管理(平台)系统 security management platform(SMP)

对安全方案系统的各子系统及相关信息系统进行集成,实现实体防护系统、电子防护系统和人力防范资源的有机联动、信息的集中处理与共享应用、风险事件的综合研判、事件处置的指挥调度、系统和设备的统一管理与运行维护等功能的硬件和软件组合。

2.1.5 中间件 middleware

位于系统软件之上,用于支持分布式应用软件,连接不同软件实体的支撑软件。

2.1.6 物模型 thing specification language

将智能设备数字化、结构化,并在云端构建该设备数据模型的数字化表示,包括实体对象共有的基本属性、业务能力、配置参数等静态信息,以及个别实体对象拥有的特有属性、实时状态数据等动态信息。

2.1.7 边缘计算 edge computing

在靠近物或数据源头的一侧,采用网络、计算、存储、应用核心能力为一体的开放平台,就近提供最近端服务。

2.1.8 智慧运维 smart operation and maintenance

综合运用云计算、物联网、移动互联网、大数据、人工智能和5G等信息技术,通过跨系统数据的互通融合、智能分析、报警事件的及时响应处置、提高运维质量、效率、能效和安全,实现资产和数据增值。

2.1.9 BIM 模型轻量化处理 lightweight processing of BIM models

在不损失模型真实性的前提下通过先进算法把模型重构并且进行更轻便更灵活地显示。

2.1.10 运维中心 operations and maintenance centre

负责建筑场所内设施设备的运行、管理和维护的组织机构。主要职责是采用相关的方法、手段、技术、制度、流程和文档等,对设施设备的运行环境(软硬件、网络环境等)、业务系统和运维人员进行的综合管理,以保证设施设备全生命周期各个阶段的运营在成本、稳定性、效率上达成一致可接受的状态。

2.2 缩略语

BIM(Building Information Modeling)建筑信息模型
GIS(Geographic Information System)地理信息系统

XPON(X Passive Optical Network)无源光纤网络

AR(Augmented Reality)增强现实

MR(Mix Reality)混合现实

B/S(Browser/Server)浏览器/服务器架构

C/S(Client/Server)客户端/服务器架构

AI(Artificial Intelligence)人工智能

ICT(Information Communications Technology)信息通信技术

3 基本规定

3.0.1 既有建筑智能化改造前,应进行现场勘察,对既有系统的功能、性能和架构进行评估。

3.0.2 改造勘察/设计单位应向既有建筑运营单位收集竣工图纸、现有系统运行及维护保养等相关资料,并经实地勘察诊断后提供智能化系统功能和性能的勘察诊断报告。

3.0.3 既有建筑的智能化改造应符合国家现行标准对安全性评估鉴定的结论,不影响重要系统的正常运行。

3.0.4 既有建筑的智能化改造前,应对既有系统历史数据进行备份,确保新建系统与既有系统之间的衔接,系统更新升级应保证系统原有功能的正常使用和历史数据的平滑迁移。

3.0.5 既有建筑在智能化改造时,不应影响使用安全、公众安全并且不侵害他人利益。

3.0.6 既有建筑智能化系统的改造设计、施工、验收以及改造后建筑的功能和性能应满足国家和上海市现行有关标准的规定。

3.0.7 已纳入建筑工程信息化管理的既有建筑,其改造应进行全过程的信息化管理并对相关文件进行存档。

3.0.8 在涉及国家安全、国家秘密的特殊领域,其改造应严格遵循涉密等级要求,选用符合安全准入机制的产品以及符合涉密要求规定的设计、施工和服务单位。

4 改造等级

4.1 一般规定

4.1.1 既有建筑智能化改造宜进行改造等级的划分。

4.1.2 既有建筑智能化改造的等级应根据改造后建筑的建设目标、使用功能、运行管理、投资规模和区域状况等综合因素确定。

4.2 改造等级划分

4.2.1 既有建筑智能化改造等级划分应符合下列规定：

1 实现既有建筑的改造目标；

2 适应工程建设的基础状况；

3 采用的改造方案具备实用性、先进性、技术及经济合理性。

4.2.2 既有建筑智能化改造宜划分为以下三个等级：

1 整体改造：为全面提升既有建筑智能化水平，对既有建筑所有系统进行新建、升级改造；

2 局部改造：为保持、完善或增强既有建筑原有功能，对既有建筑部分系统或局部区域进行新建或升级改造；

3 单项改造：为保持、完善或增强既有建筑特定功能，对单项系统进行新建或升级改造。

5 智能化改造勘察和诊断

5.1 一般规定

5.1.1 既有建筑智能化改造前,应根据改造目标和要求、现行法律法规,对建筑业态、建筑布局、既有智能化系统和改造实施等可行性进行勘察和诊断。

5.1.2 既有建筑智能化勘察应符合现行国家标准《智能建筑设计标准》GB 50314、《智能建筑工程质量验收规范》GB 50339、行业标准《智能建筑工程质量检测标准》JGJ/T 454 和团体标准《智能建筑工程设计通则》T/CECA 20003 等的有关规定。

5.1.3 勘察单位应根据改造目标、改造范围和改造内容等要求编制勘察方案。

5.1.4 勘察和诊断的流程包括:竣工资料的收集与核查、现场勘察、系统运行现状诊断、必要的系统测试和比较分析等。

5.1.5 勘察单位应在勘察和诊断结束后出具勘察诊断报告。

5.2 资料收集与现场环境勘察

5.2.1 既有建筑智能化改造勘察应包括资料收集及现场环境勘察。

5.2.2 资料收集宜包括以下资料:

  1 工程竣工资料;

  2 历次改造修缮及设备改造记录;

  3 用户对系统的功能性能要求;

4 用户对系统的运行管理要求；

5 系统运行记录。

5.2.3 现场环境勘察宜包含以下内容：

1 智能化各子系统功能及架构；

2 建筑设备安装现状、运行状态和运行参数；

3 建筑内外部管线及通信现状；

4 设备供电及防雷接地现状；

5 能耗计量现状。

5.3 信息化应用系统

5.3.1 信息化应用系统应包括公共服务、智能卡应用、物业管理、信息设施运行管理、信息安全管理、通用业务和专业业务等系统。检测诊断范围应根据改造设计要求确定。

5.3.2 信息化应用系统检测诊断应分为软件系统和硬件系统。

5.4 智能化集成系统

5.4.1 智能化集成系统应包括智能化信息集成（平台）系统与集成信息应用系统。检测诊断范围应根据改造设计要求确定。

5.4.2 智能化集成系统检测诊断宜包括集成系统范围、集成系统功能、信息资源共享、系统间通信、跨系统联动及响应时间、统一操作界面、信息安全和系统扩展等内容。

5.4.3 智能化集成系统检测诊断内容应参照表 5.4.3-1 和表 5.4.3-2 执行。

表5.4.3-1　智能化集成系统检测诊断汇总记录

工程名称					
系统名称	智能化集成系统				
使用单位		项目负责人			
勘察单位		勘察负责人			

序号	子系统名称	系统配置		诊断结论		备注
		已集成	未集成	需改造	可利用	
1	信息设施系统					
1.1	子系统1					
1.2～1.n	子系统2……子系统n					
2	公共安全系统					
2.1	子系统1					
2.2～2.n	子系统2……子系统n					
3	建筑设备管理系统					
3.1	子系统1					
3.2～3.n	子系统2……子系统n					
4	信息化应用系统					
4.1	子系统1					
4.2～4.n	子系统2……子系统n					
5	其他系统					

诊断结论：

使用单位项目负责人签字　　　　　　　　　　　勘察负责人签字

　　年　　月　　日　　　　　　　　　　　　　　　年　　月　　日

1　系统配置栏中,左列打"√"表示已配置该系统,右列打"√"表示未配置该系统;
2　诊断结论栏中,左列打"√"表示该系统需改造,右列打"√"表示该系统可利用;
3　备注栏填写该系统诊断时出现的问题

表 5.4.3-2 智能化集成系统检测诊断记录

工程名称			
系统名称	智能化集成系统	子系统名称	
使用单位		项目负责人	
勘察单位		勘察负责人	

类别	诊断内容	执行标准及规范条款	诊断结论 需改造	诊断结论 可利用	备注
主控项目	数据共享、系统集成功能				
	标准化接口功能				
	统一界面、集中监视、储存和统计功能				
	报警监视及处置功能				
	控制和调节功能				
	权限管理功能				
	联动配置及管理功能				
	信息安全				
可选项目	集成架构、集成方式、扩展能力				
	数据分析功能				
	数据挖掘功能				
	远程管理及移动应用能力				

诊断结论:

使用单位项目负责人签字　　　　　　　　　　勘察负责人签字

　　年　　月　　日　　　　　　　　　　　　年　　月　　日

1　诊断结论栏中,左列打"√"表示该系统需改造,右列打"√"表示该系统可利用;
2　备注栏填写该系统诊断时出现的问题

5.5 信息设施系统

5.5.1 信息设施系统应包括信息接入系统、综合布线系统、移动通信室内信号覆盖系统、卫星通信系统、用户电话交换系统、无线对讲系统、信息网络系统、有线电视及卫星电视接收系统、公共广播系统、会议系统、信息导引及发布系统和时钟系统等。检测诊断范围应根据设计要求确认。

5.5.2 信息设施系统宜按照以下步骤进行检测诊断：

1 依据竣工资料和现场勘察掌握建筑信息设施系统的功能、架构和设备配置等信息；

2 依据管理和运行记录，对信息设施系统各子系统功能及性能进行测试，分析系统运行现状与运行控制策略等是否合理及改造的必要性和可行性；

3 根据诊断结果，判断是否达到智能化要求及改造条件。

5.5.3 信息设施系统检测诊断内容应参照表 5.5.3-1～表 5.5.3-13 执行。

表 5.5.3-1 信息设施系统检测诊断汇总记录

工程名称							
系统名称		信息设施系统					
使用单位				项目负责人			
勘察单位				勘察负责人			

序号	子系统名称	系统配置		诊断结论		备注
		已配置	未配置	需改造	可利用	
1	信息接入系统					
2	综合布线系统					
3	移动通信室内信号覆盖系统					
4	卫星通信系统					
5	用户电话交换系统					
6	无线对讲系统					
7	信息网络系统					
8	有线电视及卫星电视接收系统					
9	公共广播系统					
10	会议系统					
11	信息导引及发布系统					
12	时钟系统					
13	其他系统					

诊断结论:

使用单位项目负责人签字 　　　　　　　　　　　　勘察负责人签字
　　年　　月　　日 　　　　　　　　　　　　　　　年　　月　　日

1 系统配置栏中,左列打"√"表示已配置该系统,右列打"√"表示未配置该系统;
2 诊断结论栏中,左列打"√"表示该系统需改造,右列打"√"表示该系统可利用;
3 备注栏填写该系统诊断时出现的问题

表 5.5.3-2　信息接入系统检测诊断记录

工程名称					
系统名称	信息设施系统	子系统名称		信息接入系统	
使用单位		项目负责人			
勘察单位		勘察负责人			
施工单位		项目经理			
类别	诊断内容	执行标准及规范条款	诊断结论		备注
			需改造	可利用	
主控项目	机房净高、地面防静电、电源、照明、温湿度、防尘、防水、消防和防雷接地等				
	预留孔洞位置、尺寸和承重荷载				
可选项目	运营商选择、接入带宽				

诊断结论：

使用单位项目负责人签字　　　　　　　　　　　勘察负责人签字

　　　年　　月　　日　　　　　　　　　　　　　　年　　月　　日

1　诊断结论栏中，左列打"√"表示该系统需改造，右列打"√"表示该系统可利用；
2　备注栏填写该系统诊断时出现的问题

表 5.5.3-3 综合布线系统检测诊断记录

工程名称						
系统名称	信息设施系统		子系统名称	综合布线系统		
使用单位			项目负责人			
勘察单位			勘察负责人			

类别	诊断内容	执行标准及规范条款	诊断结论		备注
			需改造	可利用	
主控项目	对绞电缆链路或信道和光纤链路或信道的检测				
可选项目	标签和标识检测,布线管理功能				
	电子配线架管理软件				

诊断结论:

使用单位项目负责人签字　　　　　　　　　　　勘察负责人签字
　　　年　　月　　日　　　　　　　　　　　　　年　　月　　日

1 诊断结论栏中,左列打"√"表示该系统需改造,右列打"√"表示该系统可利用;
2 备注栏填写该系统诊断时出现的问题

表 5.5.3-4 移动通信室内信号覆盖系统检测诊断记录

工程名称			
系统名称	信息设施系统	子系统名称	移动室内信号覆盖系统
使用单位		项目负责人	
勘察单位		勘察负责人	

类别	诊断内容	执行标准及规范条款	诊断结论		备注
			需改造	可利用	
主控项目	机房净高、地面防静电、电源、照明、温湿度、防尘、防水、消防和防雷接地等				
	预留孔洞位置、尺寸和承重荷载				
可选项目	前端设备:放大器、功分器、分支器、天线等				

诊断结论:

使用单位项目负责人签字　　　　　　　　　　　　　勘察负责人签字

　年　　月　　日　　　　　　　　　　　　　　　　　年　　月　　日

1　诊断结论栏中,左列打"√"表示该系统需改造,右列打"√"表示该系统可利用;
2　备注栏填写该系统诊断时出现的问题

— 15 —

表 5.5.3-5 卫星通信系统检测诊断记录

工程名称						
系统名称	信息设施系统		子系统名称	卫星通信系统		
使用单位			项目负责人			
勘察单位			勘察负责人			
类别	诊断内容	执行标准及规范条款	诊断结论		备注	
			需改造	可利用		
主控项目	机房净高、地面防静电、电源、照明、温湿度、防尘、防水、消防和防雷接地等					
	预留孔洞位置、尺寸和承重荷载					
	预埋天线的安装加固件、防雷和接地装置的位置和尺寸					

诊断结论：

使用单位项目负责人签字　　　　　　　　　　　　勘察负责人签字

年　　月　　日　　　　　　　　　　　　　　　年　　月　　日

1　诊断结论栏中,左列打"√"表示该系统需改造,右列打"√"表示该系统可利用;
2　备注栏填写该系统诊断时出现的问题

表 5.5.3-6 用户电话交换系统检测诊断记录

工程名称			
系统名称	信息设施系统	子系统名称	用户电话交换系统
使用单位		项目负责人	
勘察单位		勘察负责人	

类别	诊断内容	执行标准及规范条款	诊断结论 需改造	诊断结论 可利用	备注
主控项目	业务测试				
	信令方式测试				
	系统互通测试				
	网络管理测试				
	计费功能测试				

诊断结论：

使用单位项目负责人签字　　　　　　　　　　　　勘察负责人签字

　　年　　月　　日　　　　　　　　　　　　　　　年　　月　　日

1　诊断结论栏中,左列打"√"表示该系统需改造,右列打"√"表示该系统可利用；
2　备注栏填写该系统诊断时出现的问题

— 17 —

表 5.5.3-7　无线对讲系统检测诊断记录

工程名称					
系统名称	信息设施系统	子系统名称		无线对讲系统	
使用单位		项目负责人			
勘察单位		勘察负责人			

类别	诊断内容	执行标准及规范条款	诊断结论		备注
			需改造	可利用	
主控项目	天线馈线系统				
	发射合路器				
	接收分路器				
	双工器				

诊断结论：

使用单位项目负责人签字　　　　　　　　　　　　　　勘察负责人签字

　年　　　月　　　日　　　　　　　　　　　　　　　年　　　月　　　日

1　诊断结论栏中,左列打"√"表示该系统需改造,右列打"√"表示该系统可利用;
2　备注栏填写该系统诊断时出现的问题

表 5.5.3-8 信息网络系统检测诊断记录

工程名称			
系统名称	信息设施系统	子系统名称	信息网络系统
使用单位		项目负责人	
勘察单位		勘察负责人	

类别	诊断内容	执行标准及规范条款	诊断结论		备注
			需改造	可利用	
主控项目	计算机网络系统连通性				
	计算机网络系统传输时延和丢包率				
	计算机网络系统路由				
	计算机网络系统组播功能				
	计算机网络系统 QoS 功能				
	计算机网络系统容错功能				
	计算机网络系统无线局域网功能				
	网络安全系统安全保护技术措施				
	网络安全系统安全审计功能				
	网络安全系统物理隔离和逻辑隔离检测				
	网络安全系统无线接入认证的控制策略				
可选项目	计算机网络系统网络管理功能				
	网络安全系统远程管理时防窃听措施				

诊断结论：

使用单位项目负责人签字   勘察负责人签字

    年   月   日   年   月   日

1 诊断结论栏中，左列打"√"表示该系统需改造,右列打"√"表示该系统可利用；
2 备注栏填写该系统诊断时出现的问题

表 5.5.3-9 有线电视及卫星电视接收系统检测诊断记录

工程名称			
系统名称	信息设施系统	子系统名称	有线电视及卫星电视接收系统
使用单位		项目负责人	
勘察单位		勘察负责人	

类别	诊断内容	执行标准及规范条款	诊断结论		备注
			需改造	可利用	
主控项目	客观测试				
	主观评价				
可选项目	HFC网络和双向数字电视系统下行测试				
	HFC网络和双向数字电视系统上行测试				
	有线数字电视主观评价				

诊断结论：

使用单位项目负责人签字　　　　　　　　　　　　　勘察负责人签字

　　年　　月　　日　　　　　　　　　　　　　　年　　月　　日

1 诊断结论栏中,左列打"√"表示该系统需改造,右列打"√"表示该系统可利用;
2 备注栏填写该系统诊断时出现的问题

表 5.5.3-10 公共广播系统检测诊断记录

工程名称			
系统名称	信息设施系统	子系统名称	公共广播系统
使用单位		项目负责人	
勘察单位		勘察负责人	

类别	诊断内容	执行标准及规范条款	诊断结论 需改造	诊断结论 可利用	备注
主控项目	公共广播系统的应备声压级				
	主观评价				
	紧急广播的功能和性能				
可选项目	业务广播和背景广播的功能				
	公共广播系统的声场不均匀度、漏出声衰减及系统设备信噪比				
	公共广播系统的扬声器分布				
强制性条文	当紧急广播系统具有火灾应急广播功能时,应检查传输线缆、槽盒和导管的防火保护措施				

诊断结论:

使用单位项目负责人签字　　　　　　　　　　　　勘察负责人签字

　　年　　月　　日　　　　　　　　　　　　　　　年　　月　　日

1　诊断结论栏中,左列打"√"表示该系统需改造,右列打"√"表示该系统可利用;
2　备注栏填写该系统诊断时出现的问题

— 21 —

表 5.5.3-11 会议系统检测诊断记录

工程名称						
系统名称	信息设施系统		子系统名称		会议系统	
使用单位			项目负责人			
勘察单位			勘察负责人			

类别	诊断内容	执行标准及规范条款	诊断结论		备注
			需改造	可利用	
主控项目	会议扩声系统声学特性指标				
	会议视频显示系统特性指标				
	具有会议电视功能的会议灯光系统的平均照度值				
	与火灾自动报警系统的联动功能				
	会议控制系统的功能检测				
可选项目	会议电视系统检测				
	其他系统检测				

诊断结论：

使用单位项目签字   勘察负责人签字
　　　年　　月　　日   　　年　　月　　日

1 诊断结论栏中，左列打"√"表示该系统需改造，右列打"√"表示该系统可利用；
2 备注栏填写该系统诊断时出现的问题

— 22 —

表 5.5.3-12　信息导引及发布系统检测诊断记录

工程名称			
系统名称	信息设施系统	子系统名称	信息导引及发布系统
使用单位		项目负责人	
勘察单位		勘察负责人	

类别	诊断内容	执行标准及规范条款	诊断结论 需改造	诊断结论 可利用	备注
主控项目	系统功能				
主控项目	显示性能				
可选项目	自动恢复功能				
可选项目	系统终端设备远程控制功能				
可选项目	图像质量主观评价				

诊断结论：

使用单位项目负责人签字　　　　　　　　　　　勘察负责人签字

　　年　　月　　日　　　　　　　　　　　　　年　　月　　日

1　诊断结论栏中,左列打"√"表示该系统需改造,右列打"√"表示该系统可利用;
2　备注栏填写该系统诊断时出现的问题

— 23 —

表 5.5.3-13 时钟系统检测诊断记录

工程名称			
系统名称	信息设施系统	子系统名称	时钟系统
使用单位		项目负责人	
勘察单位		勘察负责人	

类别	诊断内容	执行标准及规范条款	诊断结论		备注
			需改造	可利用	
主控项目	母钟与时标信号接收器同步、母钟对子钟同步校时的功能。				
	平均瞬时日差指标				
	时钟显示的同步偏差				
	授时校准功能				
可选项目	母钟、子钟和时间服务器等运行状态的监测功能				
	自动恢复功能				
	系统的使用可靠性				
	有日历显示的时钟换历功能				

诊断结论：

使用单位项目负责人签字　　　　　　　　　　　勘察负责人签字

　　　年　　　月　　　日　　　　　　　　　　　年　　　月　　　日

1　诊断结论栏中,左列打"√"表示该系统需改造,右列打"√"表示该系统可利用;
2　备注栏填写该系统诊断时出现的问题

5.6 建筑设备管理系统

5.6.1 建筑设备管理系统应包括建筑设备监控系统、建筑能效监管系统以及需纳入管理的其他业务设施系统等,检测诊断范围应根据改造设计要求确定。

5.6.2 宜按以下步骤进行建筑设备管理系统状况检测诊断:

1 通过现场勘察、测试、计算和分析等,判断建筑设备管理与能耗实际状况;

2 检查现有智能化系统与上级管理系统连接的标准接口和开放协议,并进行相关功能测试、验证,对建筑总能耗及各用能系统能耗进行统计、分析,并核查其运行控制策略。

5.6.3 建筑设备管理系统的系统检测诊断应包括以下内容:

1 系统监控范围对象诊断分析;

2 系统软硬件、通信传输及数据可靠性诊断;

3 能效监管和能耗数据分析处理等功能诊断分析;

4 检测诊断采用的方法、设备和仪表等应符合国家现行相关标准的规定。

5.6.4 建筑设备管理系统评估应符合以下原则与方法:

1 根据检测诊断结果,分析建筑设备管理与用能管理措施改进的必要性与可行性,经过比较分析,提出建筑设备管理系统技术提升和控制节能效果的建议与优化方案;

2 改造前未设计建筑设备管理系统的,应根据监控对象特性合理增设该系统;

3 建筑设备管理系统不能正常运行或不能满足自动控制及节能管理要求的,应进行改造;

4 能效监管系统无法根据用途进行用电分项计量且不符合上海市建筑能耗监管信息系统数据联网要求的,应进行改造。

5.6.5 建筑设备监控系统检测诊断内容应参照表 5.6.5-1～表5.6.5-3执行。

表 5.6.5-1 建筑设备管理系统检测诊断汇总记录

工程名称						
系统名称	建筑设备管理系统					
使用单位		项目负责人				
勘察单位		勘察负责人				

序号	子系统名称	系统配置		诊断结论		备注
		已配置	未配置	需改造	可利用	
1	建筑设备监控系统					
1.1	供暖通风与空气调节					
1.2	给水排水					
1.3	供配电					
1.4	照明					
1.5	电梯					
1.6	其他受控系统					
1.7	其他设备管理模块					
2	建筑能效监管系统					

诊断结论:

使用单位项目负责人签字　　　　　　　　　　勘察负责人签字
　　年　　月　　日　　　　　　　　　　　　　　年　　月　　日

1　系统配置栏中,左列打"√"表示已配置该系统,右列打"√"表示未配置该系统;
2　诊断结论栏中,左列打"√"表示该系统需改造,右列打"√"表示该系统可利用;
3　备注栏填写该系统诊断时出现的问题

表 5.6.5-2　建筑设备管理系统检测诊断记录

工程名称						
系统名称	建筑设备管理系统		子系统名称	建筑设备监控系统		
使用单位			项目负责人			
勘察单位			勘察负责人			
类别	监控范围	检测诊断内容	执行标准及规范条款	诊断结论		备注
				需改造	可利用	
主控项目	建筑设备监控系统	系统运行记录;监控系统或设备数据的完整性;与相关系统的联动;与智能化集成系统连接的标准接口和开放协议等				
	供暖通风与空气调节	设备运行记录及控制管理、设备控制策略及能耗水平;设备在建筑设备管理系统中显示与控制执行的正确率;设备有无与上级管理系统连接的标准接口和开放协议等				
	给水排水	给水管网压力是否满足现行国家相应标准的规定和控制方式;给水排水信息监控包括:水泵的启停、报警、手/自动、启停控制、水流开关、管网给水压力、水位等;给水排水监控功能及与上级管理系统连接的标准接口和开放协议				
	供配电	计量仪表的功能和性能完好程度、软件显示和实际参数吻合度;供配电系统状况,包括:电压、电流、有功功率、无功功率、功率因数、频率、温度,断路器、隔离开关、接地刀闸的位置,报警信号、监视信号等信息监测;断路器、隔离开关、接地刀闸的分闸、合闸与重合闸等控制与操作闭锁;三相不平衡度、功率因数、各次谐				

类别	监控范围	检测诊断内容	执行标准及规范条款	诊断结论		备注
				需改造	可利用	
主控项目	供配电	波电压和电流及谐波电压和电流总畸变率、电压偏差等用电电能质量;供配电系统与建筑设备管理系统连接的标准接口和开放协议				
	照明	显示与控制执行的正确率、传感器和执行器的功能、性能及完好程度检测、联动功能;照明控制管理和运行记录、现场核查照明控制方式;照明监控与上级管理系统连接的标准接口和开放协议				
	电梯	电梯运行监控系统与上级管理系统连接的标准接口和开放协议情况;电梯系统运行记录;电梯与建筑设备管理系统连接的标准接口和开放协议				
可选项目	其他受控系统	设备运行记录信息;设备在建筑设备管理系统中显示与控制执行的正确率;设备有无与上级管理系统连接的标准接口和开放协议等;系统特殊监控要求				
	其他设备管理模块	显示功能、控制功能、响应实时性、联动功能、控制策略编辑功能、组态功能等				

诊断结论:

使用单位项目负责人签字   勘察负责人签字

　　年　　月　　日　　　　　　　　　　　　年　　月　　日

1　诊断结论栏中,左列打"√"表示该系统需改造,右列打"√"表示该系统可利用;
2　备注栏填写该系统诊断时出现的问题

表 5.6.5-3 建筑能效监管系统检测诊断记录

工程名称						
系统名称	建筑设备管理系统		子系统名称	建筑能效监管系统		
使用单位			项目负责人			
勘察单位			勘察负责人			
类别	监控范围	检测诊断内容	执行标准及规范条款	诊断结论		备注
				需改造	可利用	
主控项目	建筑能效监管系统	显示功能、统计分析功能、通讯接口兼容性、组态功能等;建筑的供暖通风与空气调节、遮阳、照明、电梯、供配电、给排水、可再生能源等应用的设备的控制、能耗计量及诊断分析;建筑能效监管系统与上级管理系统连接的标准接口和开放协议				
诊断结论:						

使用单位项目负责人签字 　　　　　　　　　　　　　　　　勘察负责人签字

　年　　　月　　　日 　　　　　　　　　　　　　　　　　年　　　月　　　日

1 诊断结论栏中,左列打"√"表示该系统需改造,右列打"√"表示该系统可利用;
2 备注栏填写该系统诊断时出现的问题

5.7 公共安全系统

5.7.1 公共安全系统应包括安全技术防范系统和应急响应系统。检测诊断范围应根据改造设计要求确定。

5.7.2 公共安全系统应按照以下步骤对公共安全系统进行检测诊断：

1 查阅竣工图和现场核对，掌握建筑公共安全系统的设计概况、系统架构、设备的配置等信息，了解原工程是否在当地技防办已报审；

2 现场调查和必要的测试，评估现有公共安全系统是否符合现行国家标准《安全防范工程技术标准》GB 50348、《入侵报警系统工程设计规范》GB 50394、《视频安防监控系统工程设计规范》GB 50395、《出入口控制系统工程设计规范》GB 50396 和上海市地方标准《单位（楼宇）智能安全技术防范系统要求》DB31/T 1099、《重点单位重要部位安全技术防范系统要求》DB31/T 329等相关要求；

3 查阅管理和运行记录，对公共安全系统各子系统功能及关键性能进行测试，分析系统运行状况及运行效果；

4 根据诊断结果，判断系统是否达到要求及改造条件，并经过经济技术对比，提出公共安全系统改造智能化技术要求与方案。

5.7.3 公共安全系统检测诊断内容应参照表 5.7.3-1～表 5.7.3-7 执行。

表 5.7.3-1 公共安全系统检测诊断汇总记录

工程名称						
使用单位				项目负责人		
勘察单位				勘察负责人		
系统名称	公共安全系统					
序号	子系统名称	系统配置		诊断结论		备注
		已集成	未集成	需改造	可利用	
1	安全防范综合管理（平台）系统					
2	入侵报警系统					
3	视频监控系统					
4	出入口控制系统					
5	电子巡查系统					
6	停车库（场）系统					
7	其他子系统					

诊断结论：

使用单位项目负责人签字　　　　　　　　　　　　勘察负责人签字

　　年　　月　　日　　　　　　　　　　　　　　年　　月　　日

1　系统配置栏中，左列打"√"表示已配置该系统，右列打"√"表示未配置该系统；
2　诊断结论栏中，左列打"√"表示该系统需改造，右列打"√"表示该系统可利用；
3　备注栏填写该系统诊断时出现的问题

表 5.7.3-2 安全防范综合管理(平台)系统检测诊断记录

工程名称						
系统名称	公共安全系统		子系统名称	安全防范综合管理(平台)系统		
使用单位			项目负责人			
勘察单位			勘察负责人			
类别	诊断内容		执行标准及规范条款	诊断结论		备注
				需改造	可利用	
主控项目	安全防范综合管理(平台)系统的故障不应影响各子系统的正常运行;某一子系统的故障不应影响安全防范管理平台和其他子系统的正常运行;上级安全防范管理平台的故障不应影响下级安全防范管理平台的正常运行					
	应能对安全防范各系统进行控制与管理,实现各子系统的高效协同工作					
	应能实现相关子系统间的联动,并以声和(或)光和(或)文字图形方式显示联动信息					
	应能对系统及设备的时钟进行自动校时,计时偏差满足管理要求					
	应能针对不同的报警或其他应急时间编制、执行不同的处置预案,并对预案的处置过程进行记录					
	应能支持安全防范系统各级管理平台或分平台之间以及非安防系统之间的联网,实现信息交换与共享					
	应能支持通过对各类信息的综合掌控,实现对资源的统一调配和应急时间的快速处理					
	对系统涉及的其他项目应符合国家和上海市现有关标准的规定					

诊断结论:

使用单位项目负责人签字 　　　　　　　　　勘察负责人签字

　年　　月　　日 　　　　　　　　　　　　年　　月　　日

1　诊断结论栏中,左列打"√"表示该系统需改造,右列打"√"表示该系统可利用;
2　备注栏填写该系统诊断时出现的问题

表 5.7.3-3　入侵报警系统检测诊断记录

工程名称						
系统名称	公共安全系统		子系统名称	入侵报警系统		
使用单位			项目负责人			
勘察单位			勘察负责人			
类别	诊断内容		执行标准及规范条款	诊断结论		备注
				需改造	可利用	
主控项目	入侵和紧急报警系统应能准确、及时地探测入侵行为或触发紧急报警装置并发出入侵报警信号或紧急报警信号					
	系统报警响应时间应能满足下列要求： （1）单控制器模式：不大于规定时间 （2）本地联网模式： ① 安全等级1：不大于规定时间 ② 安全等级2、3：不大于规定时间 ③ 安全等级4：不大于规定时间 （3）远程联网模式： ① 安全等级1、2：不大于规定时间 ② 安全等级3、4：不大于规定时间					
	在重要区域和重要部位发出报警的同时，应能对报警现场进行声音和（或）图像复核					
	对系统涉及的其他项目应符合国家和上海市现行有关标准的规定					

诊断结论：

使用单位项目负责人签字　　　　　　　　　　　勘察负责人签字
　　年　　月　　日　　　　　　　　　　　　　　　　年　　月　　日

1　诊断结论栏中,左列打"√"表示该系统需改造,右列打"√"表示该系统可利用;
2　备注栏填写该系统诊断时出现的问题

表 5.7.3-4 视频监控系统检测诊断记录

工程名称						
系统名称	公共安全系统		子系统名称	视频监控系统		
使用单位			项目负责人			
勘察单位			勘察负责人			
类别	诊断内容		执行标准及规范条款	诊断结论		备注
				需改造	可利用	
主控项目	视频采集设备的监控范围应有效覆盖被保护部位、区域或目标,监视效果应满足场景和目标特征识别的不同需求					
	视频图像信息和其他相关信息在前端采集设备到显示设备、存储设备等各设备之间的传输信道的带宽、时延、时延抖动应满足国家和上海市现行有关标准的规定					
	系统应能按照授权实时切换调度指定视频到指定终端					
	视频存储设备应能完整记录指定的视频图像信息、存储的视频路数、存储格式、存储时间应符合国家现行有关标准及使用方的要求 视频存储设备应支持视频图像信息的及时保存、连续回放、多用户实时检索和数据导出等功能 视频图像信息保存期限不应少于规定时间 防范恐怖袭击重点目标的视频图像信息保存期限不应少于规定时间					
	系统涉及的其他项目应符合国家和上海市现行有关标准的规定					

诊断结论:

使用单位项目负责人签字　　　　　　　　　　　勘察负责人签字
　　年　　月　　日　　　　　　　　　　　　　　　年　　月　　日

1　诊断结论栏中,左列打"√"表示该系统需改造,右列打"√"表示该系统可利用;
2　备注栏填写该系统诊断时出现的问题

— 34 —

表 5.7.3-5 出入口控制系统检测诊断记录

工程名称			
系统名称	公共安全系统	子系统名称	出入口控制系统
使用单位		项目负责人	
勘察单位		勘察负责人	

类别	诊断内容	执行标准及规范条款	诊断结论 需改造	诊断结论 可利用	备注
主控项目	系统应采用编码识读和(或)生物特征识读方式对目标进行识别				
	系统应能对不同目标出入各受控区的时间、出入控制方式等权限进行授权配置				
	系统不应禁止由其他紧急系统(如火灾等)授权自由出入的功能				
	当系统与其他业务系统共用的凭证或其介质构成"一卡通"的应用模式时,出入口控制系统应独立设置与管理				
	对系统涉及的其他项目应符合国家和上海市现行有关标准的规定				

诊断结论:

使用单位项目负责人签字   勘察负责人签字

　　年　　月　　日   　　年　　月　　日

1 诊断结论栏中,左列打"√"表示该系统需改造,右列打"√"表示该系统可利用;
2 备注栏填写该系统诊断时出现的问题

— 35 —

表 5.7.3-6 电子巡查系统检测诊断记录

工程名称						
系统名称	公共安全系统		子系统名称		电子巡查系统	
使用单位			项目负责人			
勘察单位			勘察负责人			
类别	诊断内容		执行标准及规范条款	诊断结论		备注
				需改造	可利用	
主控项目	应能设置巡查异常报警规则					
	对人员的巡查活动状态进行监督和记录,应能在发生意外情况时及时报警					
	系统可对设置内容、巡查活动情况进行统计、形成报表					
	对系统涉及的停车库(场)安全管理系统,其他项目应符合国家和上海市现行有关标准的规定					

诊断结论:

使用单位项目负责人签字 　　　　　　　　　　　勘察负责人签字
　　年　　月　　日 　　　　　　　　　　　　　　年　　月　　日

1　诊断结论栏中,左列打"√"表示该系统需改造,右列打"√"表示该系统可利用;
2　备注栏填写该系统诊断时出现的问题

— 36 —

表 5.7.3-7 停车库(场)系统检测诊断记录

工程名称			
系统名称	公共安全系统	子系统名称	停车库(场)系统
使用单位		项目负责人	
勘察单位		勘察负责人	

类别	诊断内容	执行标准及规范条款	诊断结论 需改造	诊断结论 可利用	备注
主控项目	对出入停车库(场)的车辆以编码凭证和(或)车牌识别方式进行识别				
	系统设备的电动栏杆机等挡车指示设备应满足通行流量、通行车辆(大小)的要求				
	系统挡车/阻车设备应由对正常通行车辆的保护措施,宜与地感线圈探测等设备配合使用				
	系统可与停车收费系统联合设置,提供自动计费、收费金额显示、收费的统计与管理功能。系统也可与出入口控制系统联合设置,与安全防范其他子系统集成				
	系统具备车位检测和车位引导的功能,能够引导车辆顺利进入目的车位				
	对系统涉及的系统其他项目应符合国家和上海市现行有关标准的规定				

诊断结论:

使用单位项目负责人签字 　　　　　　　　　　　　勘察负责人签字
　　年　　月　　日 　　　　　　　　　　　　　　　年　　月　　日

1 诊断结论栏中,左列打"√"表示该系统需改造,右列打"√"表示该系统可利用;
2 备注栏填写该系统诊断时出现的问题

5.8 机房工程

5.8.1 智能化系统机房工程应包括有线电视前端机房、信息设施系统总配线机房、智能化总控室、信息网络机房、用户电话交换机房、消防控制室、安防监控中心、应急响应中心、弱电间和电信间等。检测诊断范围应根据改造设计要求确定。

5.8.2 机房工程检测诊断应包括机房运营的有关内容。

5.8.3 机房工程检测诊断内容应参照表 5.8.3-1～表 5.8.3-5 执行。

表 5.8.3-1 机房装饰工程检测诊断记录

工程名称						
系统名称	机房基础建设		子系统名称	装饰工程		
使用单位			项目负责人			
勘察单位			勘察负责人			
类别	诊断内容		执行标准及规范条款	诊断结论		备注
				需改造	可利用	
主控项目	消防防火					
	消防疏散					
	防水					
	照明					
	防尘、防静电及设备接地					
	棚顶装饰材料现状					
	墙面装饰材料现状					
	地面装饰材料现状					

诊断结论:

使用单位项目负责人签字   勘察负责人签字
    年   月   日   年   月   日

1 诊断结论栏中,左列打"√"表示该系统需改造,右列打"√"表示该系统可利用;
2 备注栏填写该系统诊断时出现的问题

表5.3.8-2 机房供配电系统检测诊断记录

工程名称			
系统名称	机房基础建设	子系统名称	供配电系统
使用单位		项目负责人	
勘察单位		勘察负责人	

类别	诊断内容	执行标准及规范条款	诊断结论 需改造	诊断结论 可利用	备注
主控项目	市电输入容量				
	应急电源				
	应急电源响应时间				
	应急电源后备时间				
	配电盘柜安装平整,底框用螺栓紧固,底框接地良好				
	电缆敷设安装现状				
	电缆标识现状				
	电能质量				
	防浪涌				
	接地阻值				
	安全保护接地				
	系统工作接地				

诊断结论:

使用单位项目负责人签字　　　　　　　　　　勘察负责人签字

　　年　　月　　日　　　　　　　　　　　　年　　月　　日

1 诊断结论栏中,左列打"√"表示该系统需改造,右列打"√"表示该系统可利用;
2 备注栏填写该系统诊断时出现的问题

表 5.3.8-3 机房暖通系统检测诊断记录

工程名称			
系统名称	机房基础建设	子系统名称	暖通系统
使用单位		项目负责人	
勘察单位		勘察负责人	

类别	诊断内容	执行标准及规范条款	诊断结论		备注
			需改造	可利用	
主控项目	空调系统				
	新风系统				
	排风系统				
	给排水系统				

诊断结论:

使用单位项目负责人签字 　　　　　　　　　　　　　　　　勘察负责人签字

　　年　　月　　日 　　　　　　　　　　　　　　　　　　　年　　月　　日

1 诊断结论栏中,左列打"√"表示该系统需改造,右列打"√"表示该系统可利用;
2 备注栏填写该系统诊断时出现的问题

表5.3.8-4 机房动力环境监控系统检测诊断记录

工程名称			
系统名称	机房基础建设	子系统名称	动力环境监控系统
使用单位		项目负责人	
勘察单位		勘察负责人	

类别	诊断内容	执行标准及规范条款	诊断结论		备注
			需改造	可利用	
主控项目	空调系统				
	温湿度监测				
	漏水检测				
	UPS				
	供配电				

诊断结论：

使用单位项目负责人签字　　　　　　　　　　　勘察负责人签字

　　年　　月　　日　　　　　　　　　　　　　年　　月　　日

1 诊断结论栏中,左列打"√"表示该系统需改造,右列打"√"表示该系统可利用;
2 备注栏填写该系统诊断时出现的问题

— 42 —

表 5.3.8-5　机房结构荷载检测诊断记录

工程名称			
系统名称	机房基础建设	子系统名称	结构荷载
使用单位		项目负责人	
勘察单位		勘察负责人	

类别	诊断内容	执行标准及规范条款	诊断结论		备注
			需改造	可利用	
主控项目	主机房净高				
	主机房活荷载				
	主机房吊挂荷载				
	UPS间荷载				
	电池室荷载				

诊断结论：

使用单位项目负责人签字　　　　　　　　　　　　　勘察负责人签字

　　年　　月　　日　　　　　　　　　　　　　　　　　年　　月　　日

1　诊断结论栏中,左列打"√"表示该系统需改造,右列打"√"表示该系统可利用;
2　备注栏填写该系统诊断时出现的问题

— 43 —

6 智能化改造设计

6.1 一般规定

6.1.1 既有建筑智能化改造应进行改造方案整体设计。

6.1.2 既有建筑智能化改造设计应从以下方面提出实用和先进的设计方案：

1 应符合现行国家标准《智能建筑设计标准》GB 50314、团体标准《智能建筑工程设计通则》T/CECA 20003 等的有关规定；

2 满足既有建筑定位、功能、建筑物和机电设施现状等设计条件；

3 满足使用方的运行管理要求，通过改造设计为今后运营、管理和服务带来效益和便利；

4 符合信息技术和智能化技术的发展趋势，适应新技术、新产品、新管理和服务模式的应用；

5 智能化集成系统设计宜运用大数据分析、云计算服务、物联网控制、BIM 和人工智能等技术；

6 建筑智能化系统应提供与上级管理平台互连的标准接口和开放协议；

7 在评估结果允许的条件下，宜利用既有建筑智能化系统的设备和管道；

8 新增系统、智能化机房、弱电间及管道等应合理设置；

9 应满足智能化系统改造总体信息安全要求，以及国家和上海市对智能化专业系统信息安全现行有关标准的规定。

6.2 信息化应用系统

6.2.1 信息化应用系统设计前应归纳、筛选和分析用户需求，明确系统目标、内容、范围和各项业务要求。应满足现行国家标准《计算机软件需求说明编制指南》GB/T 9385、《计算机信息系统安全保护等级划分准则》GB 17859、《信息安全技术网络安全等级保护基本要求》GB/T 22239 等的有关规定。

6.2.2 信息化应用系统软件设计宜运用云计算技术、大数据技术及人工智能技术提高系统的应用服务和管理能力，宜结合 BIM 和 GIS 等技术提供可视化界面、移动端应用和创新场景。

6.2.3 信息化应用系统设计宜采用当前主流技术的系统架构或基于云计算的体系架构，并具备身份认证、权限管理及系统日志管理功能。

6.2.4 应用系统支撑平台应结合应用系统软件运行和系统升级更新要求配置硬件设备。

6.3 智能化集成系统

6.3.1 智能化集成系统设计应根据改造工程的建设目标、基础状况、功能类别、运维及管理等要求进行顶层设计，确保智能化集成系统实现对各监控子系统全生命周期的集中监控、能效管理和联动控制等运营管理要求。

6.3.2 智能化集成系统设计应与改造工程总体规划相匹配，系统配置应结合改造工程实际情况和业务管理需求进行配置。应兼容既有智能化系统的通信接口、通信协议、备份历史数据，并满足总体规划和分阶段实施的要求。

6.3.3 智能化集成系统应采用现行主流技术的系统架构或宜

采用基于云计算体系架构,宜采用前后台分离的中间件技术,通过标准化的物模型和接入协议,实现前端设备的标准接入、数据的融合,并提供通用组件。

6.3.4 智能化集成系统宜包括感知层、通信层、数据层和应用层,通过基于物联网技术对物联终端的物模型构建和管理、业务互通、监控、管理、安全管控和业务联动等技术手段,实现子系统的有效集成。

6.3.5 智能化集成系统应对各类不同通信协议、数据结构的设备终端实现标准化接入,宜支持本地独立运行。当网络故障无法与云端进行数据交互时,应保证本地基本业务不受影响。

6.3.6 智能化集成系统宜具有数据分析和挖掘功能,利用大数据分析功能实现智能化集成系统的优化管理。

6.3.7 智能化集成系统应支持物联网技术的应用,提供开放、标准的接口和协议完成各监控子系统、设备信息的采集、监测、控制、信息共享和高效协同运行,实现信息标准化和平台化管理,并预留与智慧城市应用的通信接口。

6.3.8 智能化集成系统软件应采用模块化设计,实现智能化各子系统快速接入以及功能模块的可扩展性,满足系统的通用性和扩展性要求。

6.3.9 智能化集成系统宜集成建筑能效监管系统。

6.3.10 智能化集成系统应具有操作简便直观的人机交互界面,宜具备基于 BIM 与 GIS 的三维可视化展现功能,并实现对设备的点位、三维展示和可视化管理。

6.3.11 智能化集成系统应根据应用及运维要求设置预测/预警、报警阀值,实现预测/预警、报警事件的分级处理。应根据管理、运维、预测/预警和报警处理要求设置系统联动控制的策略。

6.3.12 智能化集成系统宜选用云计算服务扩展资源,为建筑智能化技术发展和智慧城市应用提供支撑。

6.3.13 智能化集成系统应支持远程访问功能,宜支持移动端App应用。

6.3.14 智能化集成系统应具有安全保护功能,宜包括智能化集成平台的攻击防御和认证机制、终端的高安全认证、数据加密传输和本地加密存储及全网安全态势实时感知和云网安联动。

6.4 信息设施系统

6.4.1 信息设施系统改造设计应满足信息技术应用要求和发展趋势,兼容既有建筑运行所需的各类信息设施,为建筑使用和管理者提供智能建筑的基础条件。

6.4.2 宜结合主要设备的更新和建筑物功能升级进行改造设计,应充分考虑改造施工过程对未改造区域使用功能的影响,并制定相应的应对措施。

6.4.3 根据勘察诊断结果,应合理选择以下通信方式:

  1 具备管线改造条件的,宜采用有线通信方式;

  2 改造难度大、不具备管线改造条件的,宜采用成熟和可靠的无线通信方式。

6.4.4 改造设计后的信息网络系统应符合以下要求:

  1 宜采用以太网协议的星形或树形网络架构、XPON 架构或混合架构;当采用树形网络架构时接入层交换机级联的层数不应大于 4 层;

  2 核心及重要部位的设备电源和引擎宜采用冗余设计;

  3 当网络系统大于 100 个节点时,应采用可进行网管的交换机,并对业务子网进行逻辑隔离。

6.4.5 信息设施系统改造设计应具备与上级管理系统互联的标准接口和开放协议。

6.4.6 改造设计后的信息网络系统宜具备冗余设计,对丢包、时延敏感的重要业务支持动态业务保障。

6.4.7 信息设施系统改造设计应使得网络具备引导子系统终端通过自动配置或者即插即用方式连接网络的能力。

6.4.8 信息设施系统改造设计应使得网络具备全网安全态势实时感知与协同联动能力,主动检测与识别安全风险。

6.5 建筑设备管理系统

6.5.1 建筑设备管理系统应根据勘察诊断结果进行改造设计,并应符合现行国家标准《绿色建筑评价标准》GB/T 50378 和行业标准《建筑设备监控系统工程技术规范》JGJ/T 334、《公共建筑节能改造技术规范》JGJ 176 及上海市工程建设规范《公共建筑用能监测系统工程技术标准》DGJ 08—2068 等的有关规定。

6.5.2 应满足现有系统的控制需求及升级的需求,优化监控点的配置,运用人工智能、大数据技术分析设备运行状态并优化设备控制和用能策略。

6.5.3 建筑设备监控系统改造设计应符合以下规定:

   1 建筑设备监控系统的监控范围应根据项目改造目标确定,宜包括供暖通风与空气调节、照明、电梯和自动扶梯、供配电、可再生能源、给水排水、环境监测等设备。当被监控设备自带控制单元时,宜采用数字通信接口方式;

   2 应具有完备的信息安全防护措施,重要数据加密传输;

   3 宜通过对用能设施设备的调试及更换、改造、添加节能装置等方式进行智能化改造;

   4 宜针对建筑设备监控与建筑能效监管建立统一管理系统,实现对建筑供暖通风与空气调节、照明、电梯、供配电、

给水排水、可再生能源应用等的运行监测管理,并对各子系统能耗情况进行统计和分析;

5 改造后的建筑设备监控系统应提供与上级管理系统互联的标准接口和开放协议;

6 照明、给排水、空调、送排风、冷热源和能源管理等监控与节能管理宜采用强弱电一体化控制柜,实现设计、施工、调试及后期维护的标准化;

7 改造后的系统应支持接口标准化,降低软硬件的耦合度,便于减少后期维护成本;

8 系统宜具备对数据正确性的检测功能,包括量程、零点、颗粒度等自动校对。

6.6 公共安全系统

6.6.1 公共安全系统改造应符合现行国家标准《安全防范工程技术标准》GB 50348、《视频安防监控系统工程设计规范》GB 50395、《入侵报警系统工程设计规范》GB 50394、《出入口控制系统工程设计规范》GB 50396 和上海市地方标准《重点单位重要部位安全技术防范系统要求》DB 31/T 329、《单位(楼宇)智能安全技术防范系统要求》DB 31/T 1099、《住宅小区智能安全技术防范系统要求》DB 31/T 294 等的有关规定。

6.6.2 公共安全系统改造内容宜包括安全防范综合管理(平台)系统、视频安防监控、出入口控制、电子巡查、停车库(场)管理系统等。

6.6.3 安全防范综合管理(平台)系统是安全防范系统集成与联网的核心,其改造设计应支持与不同厂商子系统的业务接口进行对接,具备多厂商兼容性,实现多业务互通和联动。功能包括集成管理、信息管理、用户管理、设备管理、联动控制、日志管理、统计分析、系统校时、预案管理、人机交互、联网共享、指挥调度、智能应用、系统运维、安全管控等,应以安防信息集约化为目标,实现信息资源价值的挖掘和应用。

6.6.4 视频监控系统的改造设计应采用数字监控系统;对无法敷设管道的既有建筑,宜采用无线通信的方式。重要出入口及重要的场所,应采用智能分析摄像机。

6.6.5 入侵报警系统应对保护区域的非法隐蔽进入、强行闯入以及撬、挖、凿等破坏行为进行实时有效的探测与报警。

6.6.6 出入口控制系统的改造设计应根据不同的通行对象进行各受控区的安全管理,对重点防护对象,宜采用生物识别技术、组合认证方式,并应实现与相关系统的联动。

6.6.7 停车库(场)管理系统的改造设计应对停车库(场)的车辆通道口实施出入控制、监视与图像抓拍,并能对停车库(场)内的人员、车辆及充电设施的安全实现综合管理,提供自动计费、收费金额显示、收费的统计与管理功能,应具有便捷和移动支付功能,充电设施宜具备后台统一管理功能,可对充电状态、设备温度进行感知;大型停车场宜具备停车引导功能,支持与出入口控制系统或其他安全防范子系统联动,预留与上级部门系统的数据接口。

6.6.8 电子巡查系统的改造设计除应满足现行行业标准《电子巡查系统技术要求》GA/T 644 的有关规定外还应具备识别巡查人员身份、与安保机构联网的功能。

6.6.9 公共安全系统中的终端设备,应支持高安全等级的准入认证。

6.7 机房工程

6.7.1 机房工程设计应满足现行国家标准《数据中心设计规范》GB 50174 及《电子计算机场地通用规范》GB/T 2887 等的有关规定。

6.7.2 机房规划时,宜设置在地上区域;如确因条件无法设置在地上时,应充分考虑排水、新风、湿度控制对机房的影响。

6.7.3 机房规划时,应充分评估 IT 设施所支撑的业务需求以及中断对经济社会损失造成的影响,同时应评估当前电力配置及冷源配置等资源情况,根据实际情况合理确定机房的可靠性等级。

6.7.4 应对所选机房区域环境条件和建筑承重进行核实,以保证符合改造要求。

6.7.5 消控室宜通过物理隔断将设备放置区域与人员操作区域分隔开。

6.7.6 有人值守机房,应针对设备与人员对场地环境的不同需求进行协同设计,满足工作环境舒适性要求。

6.7.7 机房宜采用微模块技术方案,有效提高机房内冷却效率及空间效率。

6.7.8 机房宜设置环境监控系统,实时监控机房内各基础设施运行状态和环境变化,并记录相关参数与数据,为机房运行管理提供有效数据。

6.7.9 机房电气系统设计应考虑单机柜功率、后备供电时间和防雷接地等要素。

6.7.10 机房暖通系统设计应考虑冷源、新风和气流组织等要素。

6.7.11 宜采用节能环保新技术、新设备及相关措施,以降低机房的 PUE 指标。

7 智能化改造施工

7.1 一般规定

7.1.1 智能化改造包括设备改造施工和系统更新升级应符合现行国家标准《建筑电气工程施工质量验收规范》GB 50303 和《智能建筑工程施工规范》GB 50606 等的有关规定。

7.1.2 智能化改造施工应在合理利用既有系统的基础上,根据施工设计文件要求,编制相应的施工方案,进行智能化系统的部署、调试、集成系统联调和试运行。应对每一个数据采集点的数据进行严格的核对校验,保证数据准确性。

7.1.3 建筑内智能化系统的管、线、槽应在合理利用既有设施的基础上拆除或更换。布线用各种电缆、桥架、槽盒、金属线槽在穿越防火分区楼板、隔墙时,其空隙应采用相当于建筑构件耐火极限的不燃材料填塞密实,并应符合国家现行有关标准的规定。

7.1.4 原有单根电线电缆拆除后重复使用,应符合国家现行有关标准的规定。

7.1.5 既有建筑应对原弱电接地端子箱内的接地导体进行接地电阻测试,联合接地电阻应小于等于 $1\ \Omega$,如果电阻值不符合要求,可增加人工接地体或采用化学降阻法。

7.1.6 室内总等电位接地端子板与建筑公共接地装置应至少保证 2 处连接,接地引出线与接地装置连接处应焊接或热熔焊,连接点应有防腐措施。

7.2 施工准备

7.2.1 改造工程系统的施工应按照批准的设计工程文件和施工技术标准进行,施工前应做好各项准备工作。

7.2.2 进入施工现场的材料、设备及配件应具备符合设计要求的配置清单、质量合格证明文件、国家法定质检机构的检测报告和使用说明书等文件。

7.3 桥架和管线改造施工

7.3.1 除本标准另有规定外,桥架和管线改造施工应按现行国家标准《建筑电气工程施工质量验收规范》GB 50303 和《智能建筑工程施工规范》GB 50606 等的有关规定执行。

7.4 设备改造施工

7.4.1 除本标准另有规定外,设备改造施工应按现行国家标准《建筑电气工程施工质量验收规范》GB 50303 和《智能建筑工程施工规范》GB 50606 等的有关规定执行。

7.4.2 入侵探测器应根据所选用产品特性及警戒范围的要求进行安装,采用不同技术的周界入侵探测装置时防区要形成交叉,室外入侵探测器的安装应符合产品使用和防护范围的要求。

7.4.3 视频安防监控系统摄像机镜头应避免强光直射与逆光安装,摄像机方向及照明应符合使用条件,在搬动、架设摄像机过程中,不得打开镜头盖,摄像机及其配套防护罩、支架、雨刷等安装时应保持牢固和电气绝缘隔离并防破坏。

7.4.4 出入口控制系统门禁读卡机与门口机的安装高度距地

宜为 1.4 m,并面向访客;锁具安装应符合产品技术要求,安装应牢固,启闭应灵活;用户机宜安装在用户出入口的内墙,安装应牢固,安装高度距地宜为 1.4 m。

7.4.5 电子巡查系统有线巡查信息开关或无线巡查信息钮,应按设计要求安装在各出入口或其他需要巡查的站点上,安装高度距地宜为 1.4 m。

7.4.6 无线对讲系统定向天线的天线主瓣方向应正对目标覆盖区域。干路放大器、功分器、耦合器等中间设备宜采用保护箱安装。

7.4.7 有线电视及卫星电视接收系统的卫星天线宜设置在建筑物房顶上,应留有安全的操作空间,天线的指向应无遮挡物,避免安装在风力较大的地方,远离产生电磁干扰的电器设备,天线距前端机房的馈线长度不宜超过 30 m。

7.4.8 公共广播系统中挂墙与立杆安装的扬声器应按设计声场的要求调整其放声方向。

7.4.9 停车库(场)管理系统改造施工应符合下列规定:

    1 地感线圈应根据设计要求及设备布置图和现场环境定位,闸门机应安装在平整、坚固的水泥基墩上并保持水平;

    2 出入口控制设备应与地面接触紧密,间隙处用水泥抹平,用膨胀螺栓固定牢靠。

7.4.10 建筑设备管理系统改造施工应符合下列规定:

    1 室内外温湿度传感器的安装应符合现行国家标准《智能建筑工程施工规范》GB 50606 第 12.2.5 条的规定,并进行通电与"校零"测试;

    2 风阀、电动阀和风阀控制器等执行机构安装应固定牢固,且操作灵活、便利;有阀位指示装置的阀,阀位指示装置应面向便于观察的位置;

    3 现场控制设备应按照设计图纸安装,安装位置应具备通风良好、远离有高振动或电磁场干扰、操作维修方便等条件。

7.4.11 综合布线系统改造施工应符合下列规定：

1 配线模块、信息插座模块及其他连接器件的部件应完整，电气和机械性能等指标符合质量标准；塑料材质应具有阻燃性能，并应符合设计文件规定；

2 当电缆从建筑物外进入建筑物时，应采用适配的信号线路浪涌保护器；

3 预端接光缆敷设前应根据现场机柜位置及线缆布放的路由逐条核算线缆长度。

7.4.12 计算机网络系统改造施工应符合下列规定：

1 新增无线传输网络天线的安装应满足设计要求，并根据现场场强测试数据确定安装部位；

2 无线网络 AP 的安装位置远离可能产生射频噪声的电子设备或装置；

3 室外定向 AP 安装高度宜为 5 m～10 m，室外全向 AP 安装高度宜为 3 m～8 m；

4 网络设备的机柜或相关设备应可靠接地并符合国家和上海市现行有关标准的规定。

7.4.13 时钟系统改造施工应符合下列规定：

1 时钟接收系统、母钟或内置接收机的母钟、通信控制器及 NTP 时间服务器、接口中心等宜由机房设计统一考虑配置 UPS 电源和防雷接地系统；

2 北斗/GPS 卫星信号天线应在室外安装，高于平面 1.5 m 以上，周围无遮挡物；抗风力 12 级，抗拉拔力 400 kgf，卫星天线与其他天线之间的距离宜大于 3 m。

7.4.14 机房工程改造施工应符合下列规定：

1 在机房施工的各个阶段，机房施工范围内均应做防尘处理；

2 吊顶施工中的吊顶板和龙骨的材质、规格、安装间隙与连接方式应符合设计要求；

3 预埋吊杆或预设钢板应在吊顶施工前完成，未做防锈

处理的金属吊、挂件应除锈,并应涂不少于 2 遍防锈漆;

4 隔墙施工表面应平整、边缘整齐,不应有污垢、缺角、翘曲、起皮、裂纹、开胶、划痕、变色和明显色差等缺陷,相关安装及完成效果应符合设计要求及相关产品规格书的要求;

5 防静电活动地板的敷设应在室内装修施工及设备基座安装完成后进行。

7.5 系统更新升级

7.5.1 系统更新升级前应符合下列规定:

1 通过备份工具对需保留的历史数据、代码和配置文件等进行备份操作;

2 需暂停现有业务的,应事先评估停机时间,并在预订时间内完成更新升级,减少对现有业务的影响;

3 应保证原有功能的正常运行,新系统与既有系统应做到系统和数据的平滑迁移,宜支持新老系统的并行运行,直至完成迁移。系统迁移应有回退预案和保护机制,确保原有系统的正常运行。

7.5.2 网络系统及其安全设备的升级应符合国家和上海市现行有关标准的规定,包括网段、路由和网管系统的升级配置、网络安全设备的安全策略和访问控制权限设置等。

7.5.3 智能化集成系统包括硬件升级和软件升级。

7.6 系统检测

7.6.1 除本标准另有规定外,既有建筑智能化改造后各系统的检测应按现行行业标准《智能建筑工程质量检测标准》JGJ/T 454 和团体标准《智能建筑工程设计通则》T/CECA 20003 等的有关规定、设计文件和工程合同等相关条款要求执行。

8 智能化改造竣工验收

8.0.1 既有建筑智能化改造竣工验收应根据设计文件和工程合同条款的要求,按现行国家标准《智能建筑工程质量验收规范》GB 50339 和团体标准《智能建筑工程设计通则》T/CECA 20003 等的有关规定执行。

8.0.2 既有建筑智能化改造竣工验收应由建设、设计、施工和监理等相关各方共同组织验收。

8.0.3 公共安全系统应按现行上海市公共安全系统验收的要求,由建设单位会同相关部门组织验收。

8.0.4 验收结果判定除应符合本标准第 8.0.1 条规定外,尚应符合上海市公共安全系统相关标准和规范的结果判定。

8.0.5 出入口控制系统、公共广播系统的验收应满足消防验收的相关要求。

8.0.6 无线对讲系统的验收应符合行业主管单位的有关规定。

9 智能化改造系统运行维护和信息安全要求

9.1 一般规定

9.1.1 既有建筑智能化改造运行维护应以设施设备在建筑全生命周期精细化管理、优质新型服务和降低运维成本为目标，综合运用云计算、物联网、移动互联网、大数据、人工智能和5G等信息技术，通过跨系统数据的互通融合、智能分析、报警事件的及时响应处置、提高运维质量、效率、能效和安全，实现资产和数据增值。

9.1.2 既有建筑智能化改造的运维宜建立完整的运维体系，实现数据共享和运维流程自动化管理。作为运维服务的完整体系包括数字化运维平台、运维场所、运维组织机构、持续优化的管理制度和运维信息安全等相关要素。

9.2 运维数字化信息平台

9.2.1 运维数字化信息平台是实现智慧运维的核心系统，宜支持云计算架构部署的集中化运维，宜包括设备资产运维管理、智能故障预测和定位、事件处置管理、能效监管管理、知识库管理、设施健康管理、基于BIM可视化运营、工单智能生成、故障检测诊断、数据分析及预测和远程协同管理等功能。

9.2.2 设备资产运维管理功能模块应实现对既有建筑设备建立数据档案、支持设备日常保养、维修和巡检等功能，支持设备在线监控及远程控制功能；宜包括建筑设备台账、固定资产、设备报修、设备维护、设备巡检、设备监控和设备远程控制等子功能。

9.2.3 事件处置管理功能模块应具备事件定义、应急事件快速响应和处置功能，宜包括规则引擎、消息中心、报警位置定位、自动派单、应急通讯录、预案制定、预案审核、预案演练和预案总结等子功能。

9.2.4 能效监管管理功能模块应具备能耗监测和分析、指导用户进行能源管理策略优化等功能，宜包括能耗目标确定、能耗数据分析、运行策略优化、二次调试和节能验证等子功能。

9.2.5 知识库管理功能模块应具备设备操作规则和流程、一般故障排除流程、运维标准流程、维修工艺标准等功能；用于指导运维人员作业操作；宜包括专家咨询、设备保养标准、设备巡检标准、设备故障标准、设备故障库和巡检手册等子功能。

9.2.6 设施健康管理功能模块应具备对设施健康度的数据监测、健康度评估、异常提醒、动态维保提醒等功能，以保证设施处于最佳工况；宜包括健康分析预测模型、设备维修策略、设备健康度统计等子功能。

9.2.7 基于 BIM 可视化运营功能模块应实现建筑、设备和人员三者之间的相互联通，在 BIM 模型轻量化处理基础上，整合建筑相关信息，通过数据分析、性能与模型分析，实现建筑智能化运营管理等功能；宜包括实时运维状态数据可视化、资产可视化、空间可视化、设备可视化、管线可视化、通讯网络可视化和安全态势可视化等子功能。

9.2.8 工单智能生成功能模块应实现根据设备故障类型自动生成工单并通知相关维修人员；宜包括新建工单、工单指派、工单受理、工单反馈、派单规则配置等子功能。

9.2.9 故障检测诊断功能模块应实现设备运行状态数据的实时监测、故障的及时报警和快速定位等功能；宜包括实时监测、故障报警、历史数据查询、故障分析等子功能。

9.2.10 数据分析及预测功能模块应具备结合业务场景实现

数据智能分析及预测功能;宜包括设备完好率、设备开启率、故障率;保养完成率、巡检完成率、漏检率、事件处置分析、能耗数据分析预测和设备保养预测等子功能。

9.2.11 远程协同功能管理模块宜实现运维中心平台、人、设备三者之间的相互联通,以 AR 或 MR 可穿戴式设备为载体,将设施设备的三维影像、现场场景传送至运维站点或运维中心;应用于远程现场运维指导及示教、设备检修、维护和复杂的设备走向定位分析、故障诊断等工作辅助场景。

9.2.12 智慧运维数字化信息平台系统接口应提供开放的、标准的接口和协议,实现与智能化子系统和第三方应用程序的对接,并预留与智慧城市应用的通信接口。

9.3 运维场所

9.3.1 既有建筑主体运维单位或第三方运维公司应根据实际需求,设置运维站点和运维中心。

9.3.2 运维站点宜设置于单体建筑内,并支持与运维中心进行对接,形成分级管理架构。

9.3.3 运维中心宜设置相对独立的区域,宜具备集中展示、智能管理、多级联动、远程协同等功能。

9.3.4 运维中心应制定完善运维管理规章制度、工作标准以及业务操作流程规范、运维人员的岗位职责和工作计划,提供绩效考核量化依据。

9.3.5 运维中心集中展示区宜符合下列规定:

1 应实现多系统的音频、视频和图像信号整合及推送,以灵活的显示模式集中显示在大屏幕、电视拼接墙、电脑、手机、平板等不同显示终端上;

2 应支持各类音频、视频、图像等信号源的无缝接入,为相关工作人员的业务管理、应急指挥、调度及会商提供直观和

实时的在线信息;

3 宜支持各种显示模式的设定和调节。

9.3.6 运维中心智能管理区应符合下列规定:

1 运维管理人员通过运维信息平台可实现对建筑内各智能化系统进行控制和管理;

2 运维中心应为运维管理工作人员日常运维事务处理、重大事件及时响应处置、设备故障快速恢复以及决策会商提供有效支持;

3 宜支持各级人员的身份识别及系统权限分配功能,可针对不同的应用模块进行功能权限分配。

9.3.7 运维中心多级联动区应符合下列规定:

1 运维中心宜采用分级架构部署,宜包括市级、区域级和单体建筑运维中心;

2 各级运维中心应按自身业务需求和规模配置相应的软硬件设备;

3 各级运维中心应通过安全可靠的网络实现数据交互,宜满足多级联动指挥调度和应急响应的需求;

4 远程协同宜具备穿戴式 AR 或者 MR 应用设备,运维工作人员通过 AR 或 MR 可穿戴式设备所呈现的实时现场设备信息与运维平台的专家席及管理人员实现远程互动、协同和示教等,指导高难度实时维修工作,并采集二维码、代码、维修手册、档案、生成报告等设备信息;

5 运维中心应具备与上一级智慧城市运营中心的衔接功能,应预留与属地城市运营中心平台的接口和开放协议。

9.4 运维组织架构

9.4.1 既有建筑智能化运维组织宜分为以下三种模式:

1 自主运维。由既有建筑所属单位自行组建团队展开运维工作；

    2 委托运维。由既有建筑所属单位通过书面合同形式确定运维机构，并明确其工作范围、工作职责、工作标准、运维费用及考核指标；

    3 部分委托。由既有建筑所属单位自行承担运维工作，需要专业运维技能的系统宜委托专业运维机构开展工作。

9.4.2 运维机构宜建立公司级的运维组织架构和职能任务分工，保障和支撑运维工作的有效实施。该组织机构至少应包括公司级总负责人、技术负责人、安全负责人、专家团队、备品备件供应链以及资源支撑部门。

9.4.3 运维机构应根据不同项目建立项目级的运维组织架构和职能任务分工，保障和支撑运维工作的有效实施。该组织机构至少应包括运维项目负责人、安全负责人、供应链负责人、运维技术团队、运维管理团队和现场运维工程小组。

9.4.4 运维机构应保证运维项目的响应速度与服务质量，投入业务水平高、技术能力强的运维人员和质量控制人员，并在运维流程、质量管理和技术文档等方面进行标准化管理。

9.4.5 运维操作人员应具备运维专业知识和经验，上岗前应经过专业培训并持有有效的上岗证书。

9.5   运维信息安全要求

9.5.1 运维信息安全应符合现行国家标准《信息安全技术网络安全等级保护基本要求》GB/T 22239及智能化各专业系统的国家和上海市现行信息安全有关标准的规定。

9.5.2 应建立整体运维信息安全体系，抵御网络攻击、互联网安全访问和数据安全等。包括网络安全、系统安全、数据安全、场所安全、设备设施安全、操作流程安全、信息安全应急处置和信息安全定期评估等体系和机制。

9.5.3 运维信息安全应包括对信息安全事故的应急和响应处置措施,在规定的时间内恢复系统安全运行,并重新评估信息安全体系后制定信息安全防范措施。

9.5.4 应按照智能化改造设计确定的运维信息安全要求和安全等级制定项目运维信息安全规范。

本标准用词说明

1 为便于在执行本标准条文时区别对待,对要求严格程度不同的用词说明如下:

    1)表示很严格,非这样做不可的:
        正面词采用"必须",反面词采用"严禁";

    2)表示严格,在正常情况下均应这样做的:
        正面词采用"应",反面词采用"不应"或"不得";

    3)表示允许稍有选择,在条件许可时首先应这样做的:
        正面词采用"宜",反面词采用"不宜";

    4)表示有选择,在一定条件下可以这样做的,采用"可"。

2 条文中指明应按其他有关标准执行的写法为"应符合……的规定"或"应按……执行"。

引用标准名录

《电子计算机场地通用规范》GB/T 2887

《计算机软件需求规格说明规范》GB/T 9385

《C频段卫星电视接收站通用规范》GB/T 11442

《低压开关设备和控制设备 第1部分:总则》GB/T 14048.1

《会议系统的电及其音频性能要求》GB/T 15381

《Ku频段卫星电视接收站通用规范》GB/T 16954

《计算机信息系统安全保护等级划分准则》GB 17859

《基于IP网络的视讯会议系统总技术要求》GB/T 21639

《信息安全技术网络安全等级保护基本要求》GB/T 22239

《软件系统验收规范》GB/T 28035

《入侵和紧急报警系统技术要求》GB/T 32581

《自动化仪表工程施工及质量验收规范》GB 50093

《火灾自动报警系统施工与验收标准》GB 50166

《数据中心设计规范》GB 50174

《建筑电气工程施工质量验收规范》GB 50303

《综合布线系统工程设计规范》GB 50311

《综合布线系统工程验收规范》GB/T 50312

《智能建筑设计标准》GB 50314

《智能建筑工程质量验收规范》GB 50339

《安全防范工程技术标准》GB 50348

《绿色建筑评价标准》GB/T 50378

《入侵报警系统工程设计规范》GB 50394

《视频安防监控系统工程设计规范》GB 50395

《出入口控制系统工程设计规范》GB 50396

《建筑节能工程施工质量验收规范》GB 50411

《视频显示系统工程技术规范》GB 50464

《智能建筑工程施工规范》GB 50606

《建筑设备监控系统工程技术规范》JGJ/T 334

《厅堂扩声系统声学特性指标》GYJ 25

《重点单位重要部位安全技术防范系统要求》DB 31/T 329

《单位(楼宇)智能安全技术防范系统要求》DB 31/T 1099

《智能建筑工程设计通则》T/CECA 20003

上海市团体标准

既有建筑智能化改造技术标准

SIBCA 06—20—TBZ001

条 文 说 明

2021 上海

目　　次

Contents

1 总　则

1.0.2　本标准中的既有建筑指民用建筑。本标准适用于该类建筑智能化改造中的勘察诊断、改造设计、改造施工、改造验收以及运行维护。通用工业建筑可参照执行。

3 基本规定

3.0.4 改造前，对现有系统历史数据进行全量数据备份，当新建系统更新升级失败时可通过备份文件进行回溯，不影响原有功能的正常使用。

4 改造等级

4.2 改造等级划分

4.2.2 既有建筑智能化改造可根据改造系统的范围、影响程度等因素,划分为以下三个改造等级:

1 整体改造指对既有建筑原系统有较大变更且对既有建筑日常业务开展存在影响较大的改造工程,此改造等级宜在确定整体改造方案的基础上进行分步实施,减少对日常业务的影响;

2 局部改造指对既有建筑若干系统或局部区域进行新建或升级改造。相比于整体改造,局部改造影响适中,此改造等级需注意纳入改造范围的系统或设备与未纳入改造范围系统的兼容性;

3 单项改造指对单个系统的改造,对既有建筑影响较小,此改造等级需考虑该改造系统与其他各系统及与其上一级系统的衔接。

5 智能化改造勘察和诊断

5.1 一般规定

5.1.3 勘察单位编制勘察方案主要考虑项目改造目标、改造范围和改造内容等勘察要求。

（1）勘察方案包括目标、依据、内容、方法和计划工期等，以及需委托方配合事宜；

（2）勘察内容包括既有智能化各子系统现状、构成、运行情况、管线走向、网络架构、供电接地情况、监控点位等。

5.1.4 勘察和诊断进行必要的系统测试指通过采集足够量的测试数据以满足分析要求。

5.1.5 勘察诊断报告宜包括工程简介、各智能化系统现状、勘察诊断结论和智能化改造建议。

5.2 资料收集与现场环境勘察

5.2.3 现场勘察应综合考虑不同智能化子系统的系统组成、终端分布、通信、供电、管线等具体情况。

5.3 信息化应用系统

5.3.2 信息化应用系统检测诊断根据检测对象的不同，可分为软件系统和硬件系统检测诊断。具体要求如下：

（1）软件系统检测诊断宜包括软件功能、运行环境、操作系统、数据库和其他相关平台等软件系统配置及其参数；

（2）硬件系统检测诊断宜包括各系统的前端、服务器、存储、传输网、安全等物理设备拓扑结构和相应的硬件配置及其参数。

5.6　建筑设备管理系统

5.6.2　建筑设备管理系统现场勘察、测试应注意数据颗粒度，重要参数应有趋势图，以判断建筑设备的动态品质和静态误差；应检查并核对各用能系统能耗数据链的可靠性；判断现有建筑设备管理与用能管理措施能否满足智能化节能运行管理要求。

5.8　机房工程

5.8.1　本标准智能化系统机房不包括专业计算机机房或数据中心。

5.8.2　机房工程检测诊断内容应包括基础设施建设情况、空调暖通建设情况、环境控制（如温度、湿度和有害物质与气体监控）、电力系统可用性和冗余控制等。

6 智能化改造设计

6.1 一般规定

6.1.2 由于智能化工程往往贯穿建筑的整个改造过程,因此设计阶段除考虑既有建筑定位、功能、建筑物和机电设施现状等设计条件外,还应结合其他专业可能同步改造的情况,及时向其他专业提资。

6.2 信息化应用系统

6.2.3 针对既有建筑改造项目中不同的信息化应用系统的整体架构、身份认证和权限管理及系统日志管理应尽量采用统一的标准,以便日后管理及运维;系统架构宜采用 B/S 结构,以便于管理和部署,系统的客户端宜设计为瘦客户端;身份认证宜与公司统一部署的活动目录集成,通过域服务器进行统一的身份认证;系统的权限管理模块宜采用"账户—角色—权限"的管理模式;系统应具备日志功能,可以对账户的使用、重要操作和业务流程进行记录。

6.2.4 应用系统支撑平台设计需要考虑下列要素:

(1)服务器设计:如需利旧,宜考虑物理机或虚拟机基本配置(含 CPU、内存、存储、操作系统)、现有设备兼容性、设备冗余性、扩展性、是否采用虚拟化管理软件、应用系统软件迁移和部署策略技术;

(2)存储设计:如需利旧,宜考虑存储方式(如 DAS、NAS、SAN 等其他方式)、磁盘阵列选择、设备规格、现有设备

兼容性、扩展性、存储高效性、数据迁移策略等;

（3）安全设计:根据用户安全需求或行业安全相关标准要求,考虑安全等级、冗余性、扩展性、攻击源、攻击类型、事前预防、事中告警、事后处理等手段;

（4）数据备份设计:根据数据体量和数据重要程度,考虑设计本地备份、异地备份、副本数、备份方式及恢复方式、RTO、RPO等内容;

（5）管理性设计:针对整个软件支撑平台,宜考虑配置信息管理系统,实现本地和远程监测管理,以提高运维响应及时性和准确性。

6.3　智能化集成系统

6.3.1　建筑智能化集成系统设计应根据改造工程的实际情况,结合改造后建筑的实际应用、运维和管理要求,采用价值工程理论分析方法(功能价值最大化),对下列子系统甄选集成方案:

（1）通信及信息基础设施,包括信息接入系统、布线系统、移动通信室内信号覆盖系统、卫星通信系统、用户电话交换系统(含程控交换机系统)、无线对讲系统、信息网络系统(含无线、有线网络系统、网络安全系统等)、有线电视及卫星电视接收系统、公共广播系统、会议系统、信息导引及发布系统、时钟系统等;

（2）安全防范系统,包括安全防范综合管理(平台)系统、入侵报警系统、视频安防监控系统(含人脸识别、抓拍、防尾随、人流统计等)、出入口控制系统(含门禁、访客管理、人行通道闸等)、电子巡查、停车库(场)管理系统(含车库道闸、车辆引导和寻车等)等;

（3）建筑设备管理系统,包括建筑设备监控系统、建筑能效监管系统,以及需纳入管理的其他业务设施系统等,监控的设备范围宜包括冷热源、供暖通风和空气调节、给水排水、供配电、照明、电梯等,并宜包括以自成控制体系方式纳入管理的专项设备监控系统等;

(4)信息化应用系统,包括公共服务、智能卡应用系统、物业管理系统、信息设施运行管理系统、信息安全管理系统、通用业务和专业业务等信息化应用系统等。

6.3.3 现行主流系统架构包括 B/S 或 C/S 架构,可根据不同的应用场景和部署环境选择相适应的架构。

6.3.4 智能化集成系统包括感知层、通信层、数据层和应用层,具体层次划分如下:

(1)感知层由各监控子系统、智能智慧感知设备或一体化智慧机电设施完成信息采集和数据上传;

(2)通信层支持多种物联通信方式,将感知层传递的数据接入基础架构统一的传输网络中,完成感知层与应用层之间的信息交换功能;

(3)数据层建立统一数据标准和数据库,实现多源数据的融合,构建建筑管理综合数据库,既有历史数据应纳入新数据库;

(4)应用层包括综合能效管理、设备集中监控、预测预警及报警推送及联动控制、远程访问、用户管理、运行日志、报表工具、数据存储、处理和查询等基础功能;宜支持模式管理、运维及资产管理、辅助决策、应急指挥、数据分析和 AI 技术应用等业务功能;宜采用基于 BIM 的应用功能。

6.3.7 智能化集成系统与各子系统的通信接口、协议等在系统规划和项目招投标中确认;智能化集成系统与各子系统通信接口的接口协议中设备参数、参数格式、函数调用关系应在系统设计、工程实施的开发过程中确认。

6.3.8 智能化集成系统的系统设备通过双机热备或集群方式

进行安全保护。当主机出现故障时,备机设备进行接管;当采用云平台时,可采用多个云节点进行相互备份和保护。

6.3.9 建筑能效监管功能涵盖能耗数据采集及存储、设备及子系统监测、数据分析及处理、系统优化控制,系统根据当地行政管理要求完成数据上传至能耗监管中心。

6.3.10 智能化集成应用的操作界面遵循数据可视化、操作便捷的原则,具备用户管理、角色管理、用户操作日志、系统运行日志等基础功能,并可以结合 BIM 模块和物联网数据,通过三维展示界面和可视化管理功能展示设备的位置、状态、拓扑图、告警等信息,便于运维人员快速处置设备报警信息。

6.3.11 智能化集成系统报警功能包括实时在监控界面上弹出预警及报警设备、预警及报警位置、预警及报警内容等信息,宜采用多种色标显示报警等级,通过预置策略和人工干预,实现预警及报警等级的分类处理。系统联动控制功能可对联动设备的位置、联动预案、操作流程、执行情况进行展示。

6.3.14 终端的高安全认证指在基本的 MAC 地址认证的基础上,增加基于证书的认证;云网安联动指在实时感知的基础上和云平台、网络安全设备的联动,如感知到流量异常的情况下,云平台下发安全策略至网络设备、安全设备,网络设备、安全设备执行安全策略,下发控制命令,实现访问阻断等动作,同时通过告警、事件等方式通知云平台。

6.4 信息设施系统

6.4.2 建筑智能化改造设计应根据改造工程实际情况,结合改建后建筑的应用、运维和管理要求,选择信息设施系统的改造方案。

6.4.3 信息网络系统改造设计时,可考虑通过无线通信方式降低布线成本和困难,包括 WLAN 通信、RFID 通信、蓝牙通信、移动通信等技术,以满足高带宽、多用户的接入需求。

6.4.4 信息网络系统的改造设计除符合本条规定外,还须满足下列要求:

(1)综合布线系统应符合现行国家标准《综合布线系统工程设计规范》GB 50311 的规定,宜由工作区、配线子系统、干线子系统、建筑群子系统、设备间、进线间和管理间等组成;

(2)接入网络应包含有线接入网络和无线接入网络;有线接入网络包括光纤接入和铜线接入(包括电话线接入和以太网网线接入)等多种接入方式,建设时需考虑未来长期演进的需要,宜采用基于 F5G 的无源光局域网(XPON)方式建设;

(3)无源光局域网应支持语音、数据、图像及多媒体业务等数据接入基本业务,网络带宽根据用户需求确定,宜采用GPON 技术支持高带宽的应用;

(4)无源光局域网应支持保护功能以提升可靠性,宜采用2 台光线路终端设备(OLT)的方式进行建设,2 台光线路终端设备互为备份;

(5)光网络单元(ONU)应尽可能靠近最终信息点,光网络单元宜提供标准的千兆(GE)或者万兆(10 GE)以太网接口以提供接入业务;

(6)无源光局域网中的光分路器可选用插片式或者盒式光分路器,指标要求应符合行业标准《平面光波导集成光路器件 第 1 部分:基于平面光波导(PLC)的光功率分路器》YD/T 2000.1 的规定;光分路器放置位置可置于楼层弱电间或建筑物设备间,或靠近信息点的信息配线箱;

(7)光网络单元宜提供 POE 的供电方式,连接无线 AP 设备,提供高速无线接入(Wi-Fi)功能;也可采用 POE 供电方式给摄像头等设备供电,满足建筑物的安保需求;光网络单元宜提供满足不同等级的 POE 供电标准;

(8)可根据不同的端口种类和数量要求选择不同的光网络单元,如选择 4 个 GE 接口的光网络单元,4 个 GE 接口(支持 POE）的光网络单元,同时提供 GE 接口和 POTS 接口的光网络单元等;光网络单元设备可采用桌面安装、信息配线箱内安装、嵌墙安装、墙面明装等方式安装;

（9）光线路终端和光网络单元之间的光分配网（ODN）宜采用 TypeB 双归属保护,或者 TypeC 双归属保护;需要保护的光纤路由需要采用不同路径的光纤（需采用不同的光缆以进行保护）;双归属的保护倒换时间宜小于 1 s;

（10）有线接入网络应支持带宽的平滑扩展;如无源光局域网中每光纤的带宽可支持由 2.5 Gbps（GPON）平滑演进至 10 Gbps（XGS-PON）,以满足建筑中远期发展的需要。

6.4.6 为保证信息网络系统的可靠性和健壮性,可采用智能选路、双发选收等功能。

6.4.8 随着物联网技术的广泛应用,海量的前端设备接入,信息设施系统改造设计中网络安全是需要重点考虑的内容,可采取的措施包括自动清洗恶意流量并隔离有安全风险的物联终端,消除安全隐患。

6.5 建筑设备管理系统

6.5.3 建筑设备监控系统改造设计说明如下:

1 建筑设备监控系统改造的具体设计应符合如下要求:

（1）供暖通风与空气调节

① 应根据诊断结果,运用先进技术并结合业主需求,对各用能系统进行控制设计,通过必要的监测、控制手段及运行策略优化等措施提高系统改造效果。应根据供暖供冷采用的冷热回收、冷热联供、自然直接冷却、蓄能等技术制定控制设计方案;

② 建筑设备监控系统对供暖通风与空气调节的监控功能应符合现行行业标准《建筑设备监控系统工程技术规范》

JGJ/T 334 的设计要求；

③ 宜结合主要设备的更新和建筑物功能升级进行监控设计。确定建筑设备监控系统改造方案时，应充分考虑改造施工过程对未改造区域使用功能的影响，并提供相应的解决方案和应对措施；

④ 宜对冷水机组、水泵、空调机组、排风机等通风设备进行变频控制，通过调节频率对送风区域进行变频风平衡控制；宜通过对末端传感器（如温度传感器、空气质量传感器）采集的数据进行分析运算，设定风机合适的运行频率，并设置最小的运行频率，满足对新风的要求；其控制柜宜采用强弱电一体化形式，并且设置就地消除谐波装置，减少变频器产生的谐波对设备安全的损害；

⑤ 改造后应能实现供冷、供热量的计量和主要用电设备的分项计量；应具备按实际需冷、需热量进行调节的功能。

（2）照明

① 当公共区照明采用集中监控系统时，宜根据照度或移动侦测自动控制照明；

② 建筑设备监控系统设计实现对照明设备运行工况的监控，可根据照明区域的实际需求运行不同的控制策略，监控系统应有与上级管理系统连接的标准接口和开放协议；

③ 建筑设备监控系统对照明的监控功能应符合现行行业标准《建筑设备监控系统工程技术规范》JGJ/T 334 的设计要求。

（3）电梯

① 建筑设备监控系统对电梯的监测功能应符合现行行业标准《建筑设备监控系统工程技术规范》JGJ/T 334 的设计要求；

② 电梯自成系统时，宜采用高阶标准通信接口与建筑设备监控系统连接。

（4）供配电

① 建筑设备监控系统对供配电的监测功能应符合现行行业标准《建筑设备监控系统工程技术规范》JGJ/T 334 的设计要求；

② 供配电自成系统时，宜采用高阶标准通信接口与建筑设备监控系统连接；

③ 未设置用电分项计量的系统应根据变压器、配电回路原设置情况，合理设置分项计量监测系统；分项计量电能表应具有远传功能。

（5）给水排水

① 建筑设备监控系统对给水排水的监控功能应符合现行行业标准《建筑设备监控系统工程技术规范》JGJ/T 334 的设计要求；

② 建筑给水排水监控系统的设计应实现水泵节能控制、系统应急控制、水泵累计运行时间控制和设备远程控制；应能对污水、洗涤用水和雨/雪水进行管理和控制；

③ 建筑给水排水监控系统应具备与上级管理系统连接的标准接口和开放协议；

④ 根据给水系统设置情况，合理设置分项计量；分项计量水表应具有远传功能。

（6）环境监测

① 建筑设备监控系统，通过运行策略实现对供暖通风与空气调节系统运行工况与参数的监测与合理调节，并对室内温湿度、照度、二氧化碳浓度值和其他环境参数实时动态监测和数据采集，优化能源分配与平衡；

② 地下车库宜设置与排风设备联动的一氧化碳浓度监测装置，一氧化碳浓度应满足现行国家标准《室内空气质量标准》GB/T 18883 的有关规定。

4 建筑能效监管系统改造设计除应符合本条的规定外宜符合下列规定：

（1）具备能耗数据采集及存储、设备及子系统监测、数据分析及处理、预警与预报、数据统计报表、信息发布、数据查询等功能；

（2）具备能耗分类、分项统计分析功能，支持折线图、柱形图、饼图、条形图等多种汇总呈现方式；

（3）根据当地管理要求将数据通过安全传输方式上传至相应管理部门；

（4）支持云端部署，数据传输应具备断电续传功能，能耗原始数据应能保存一年以上，并具有相应的数据冗余和备份措施；

（5）数据格式与内容宜支持能源消费统计、能源审计、能耗和水耗限额管理。

6 当控制器箱与被监控设备的电器控制箱（柜）合并设置时，应符合相关的国家现行有关标准要求，如《低压开关设备和控制设备 第1部分：总则》GB/T 14048.1等的要求。电气控制箱（柜）内环境还需满足控制器正常工作的相关电磁兼容要求，如现行行业标准《建筑设备监控系统工程技术规范》JGJ/T 334。

6.6 公共安全系统

6.6.3 通过安全防范综合管理（平台）系统实现对各类技术防范设施及不同形式的安全基础信息关联共享，并满足下列规定：

（1）对安全防范各子系统进行控制与管理，实现各子系统的高效协同工作；

（2）实现系统中报警、视频图像等各类信息的存储管理、检索与回放；

（3）实现系统用户创建、修改、删除和查询，对系统用户划分不同的操作和控制权限；

（4）对安全防范系统的设备在线状态进行监测，宜实现对系统内设备进行统一编址、寻址、注册和认证等管理功能；

（5）实现相关子系统间的联动，并以声和（或）光和（或）文字图形方式显示联动信息；

（6）对系统用户的操作、系统运行状态等进行记录、查询、显示；

（7）对系统数据进行统计、分析，生成相关报表；

（8）实现系统及设备的时钟自动校时功能，计时偏差应满足管理要求；

（9）针对不同的报警或其他应急事件编制、执行不同的处置预案，并对预案的处置过程进行记录；

（10）系统软件应提供清晰、简洁、友好的中文人机交互界面；

（11）支持安全防范系统各级管理平台或分平台之间以及与非安防系统之间的联网，实现信息交换与共享；信息传输、交换、控制协议应符合国家现行相关标准的规定；

（12）支持通过对各类安防数据信息的汇总和综合分析，实现对资源的统一调配和应急事件的快速处置；

（13）宜支持通过对音视频信息的结构化分析、大数据处理等智能化手段，实现对目标的自动精准识别、安全隐患的主动发现、风险态势的综合研判与预警；

（14）宜支持对系统和设备的运行状态进行实时监控，对设备生命周期进行管理；及时发现故障，保障系统和设备的正常运行；

（15）支持对系统、设备及传输网络的安全监测与风险预警；

（16）宜纳入智能化集成系统。

6.6.9 公共安全系统终端设备对安全等级有着更高的要求，可采取例如二次认证或双因素认证，防止终端设备被仿冒或私接；另外，为了防止终端设备被伪基站或伪热点劫持，终端设备还应支持与网络接入设备进行双向认证，确保接入合法网络环境。

6.7 机房工程

6.7.7 模块化机房包括供配电子系统、温湿度控制子系统、机柜及通道子系统、监控管理子系统等，为各类设备提供高质量的供电、温度和湿度环境保障的集成产品。模块化机房内的子系统可在工厂预制和调测，现场快速部署。机房工程改造宜采用模块化设计，具备节能、提高运维效率、降低安装工时等特点。

6.7.9 机房电气系统设计要重点考虑以下要素：

（1）单机柜功率是机房暖通和电气计算的重要基础数据，应评估当前实际业务需求，合理确定机房内单机柜功率，避免造成配电和制冷系统超配；

（2）应调查当前的电力系统的配置情况，确定供配电方案。如当前配电系统容量无法满足近期和远期使用要求，应增加变压器、馈电箱、馈电回路等设备，如满足要求则应考虑是否需要单独设置馈电回路和馈电箱以及物业管理方面的需求；

（3）根据业务需求，合理确定不间断系统的后备时间，避免 UPS 电池配置过多而造成承重超载和成本增加；

（4）应踏勘当前防雷接地系统情况，为机房选择合理的防雷接地接驳点。

6.7.10 机房暖通系统设计需重点考虑以下要素：

（1）机房需要常年供冷，应调查评估当前冷源系统能否满

足新增机房的需求,确定合适的冷源方案;

（2）设置新风系统的机房,宜与大楼整体新风系统分开控制,应避免物业管理时误操作关闭机房的新风系统;

（3）应评估当前建筑的层高和管线影响,确定合理的气流组织方案,当前大部分数据机房都采用了通道封闭系统,同时地面采用静电地板架空,如果层高过低,或由于管线导致净高不足,将影响地板下送风系统的使用。

6.7.11 机房在设计过程中可通过以下措施有效降低机房的PUE指标:

（1）通过调整温度设定点和湿度范围,提高温差和最佳湿度范围、冷热通道封闭等方案,减少空气混合,将冷却效率提高;

（2）宜采用 EC 风机,提高运行效率,EC 风机能够自动适应动态 IT 设备负载,提供所需的风量,降低能耗,并提高运行效率;

（3）整合服务器或重新分配服务器负载,帮助平衡冷却需求,实现冷却的效率增益;

（4）采用自然冷却,通过自然冷却、风侧或水侧的节能改造,提升机房整体运行效率;

（5）对信息设施的散热气流组织进行合理规划,使整个机房气流、能量流动通畅,宜采用导流板、封闭非气流组织要求的出风口等措施,减少冷热空气的混合并维持气流组织。

7 智能化改造施工

7.1 一般规定

7.1.1 信息化应用、智能化集成、建筑设备管理系统、机房工程的设备改造施工要求，参照现行施工规范执行，没有特别要求的，本标准不再另行规定。

智能化改造施工除应符合本条的规定外还须满足下列规定：

（1）综合布线系统施工应符合现行国家标准《综合布线系统工程验收规范》GB/T 50312 的有关规定；

（2）有线电视及卫星电视接收系统天线的选择应符合现行国家标准《C 频段卫星电视接收站通用规范》GB/T 11442 和《Ku 频段卫星电视接收站通用规范》GB/T 16954 的有关规定；

（3）信息引导及发布系统应符合现行国家标准《视频显示系统工程技术规范》GB 50464 的有关规定；

（4）会议系统应符合现行国家标准《视频显示系统工程技术规范》GB 50464、《基于 IP 网络的视讯会议系统总技术要求》GB/T 21639、《厅堂扩声系统声学特性指标》GYJ 25 和《会议系统的电及其音频性能要求》GB/T 15381 的有关规定；

（5）建筑能效监管系统应符合现行国家标准《建筑节能工程施工质量验收规范》GB 50411 的有关规定。

7.1.2 智能化改造施工方案应重点考虑改造施工特点，结合既有建筑使用现状，明确施工时间、区域，做好改造升级施工期间系统停用预案，以不影响既有建筑正常运行为原则。

7.1.3 关于拆旧设备再次使用的条件,需满足下列拆除要求:

(1)需重复利用的设备管线,应做好清洁工作,妥善保管,在重新使用前应测试性能满足设计要求;

(2)不需要重复利用的设备线缆以接口接线柱为界限拆除,应使用专用拆除工具;

(3)被拆除设备有紧固件应将紧固件松脱后方可拆除;

(4)以熔接、焊接方式连接的管线桥架,拆除用剪、锯、割具时,应对不拆除部分的设备管线做好妥善保护工作。

7.2 施工准备

7.2.1 改造过程中,系统施工前应做好下列各项准备工作:

(1)设计说明、系统图、平面布置图、安装大样图、软硬件系统部署等设计文件,系统设备的现行国家标准、系统设备的使用说明书等技术资料应齐全;

(2)设计单位应向建设、施工、运维机构和监理单位等进行施工交底,明确相应技术要求;

(3)系统设备、组(配)件以及材料应齐全,规格型号应符合设计要求,应能够保证正常施工;

(4)与系统施工相关的预埋件、预留孔洞等应符合设计要求;

(5)施工现场及施工中使用的水、电、气应能够满足连续施工的要求,并与周边建筑物互不影响;

(6)完成智能化集成系统所有通信线缆的测试,完成通信网络设备和通信接口的安装,并进行上电测试;

(7)完成系统软硬件部署环境、系统软硬件设置和系统整体运行调试。

7.4 设备改造施工

设备改造施工的有关规定在现有国家标准规范已基本覆盖,原则上按照现行标准执行,本标准仅对具有特殊要求的系统进行说明。

7.5 系统更新升级

7.5.3 智能化集成系统的硬件升级和软件升级包括以下要求:

(1)智能化集成系统硬件升级包括服务器、存储、网络设备和信息安全系统的扩容升级或更换,并应进行测试满足正常运行要求;

(2)服务器、通信网关、网络设备等供电电源宜采用稳压电源或不间断电源供电;

(3)智能化集成系统采用双机热备或多机集群时,在系统升级前应完成服务器故障备份测试;

(4)智能化集成系统软件升级包括操作系统、数据库、初始参数、操作界面的初始化设置(包括用户化权限设置等)及应用功能操作测试。

8 智能化改造竣工验收

智能化改造竣工验收的有关规定在现有国家标准规范已基本覆盖,原则上按照现行标准执行,由于公共安全的特殊性,其验收涉及各地特殊规定,故在本标准中进行详细说明。

(1) 验收组应对工程质量做出客观、公正的验收结论。验收结论分通过、基本通过、不通过。验收通过的工程,验收组可在验收结论中提出建议或整改意见;验收基本通过或不通过的工程,验收组应在验收结论中明确指出发现的问题和整改要求。

(2) 施工验收应符合下列规定:

① 施工验收应依据设计任务书、深化设计文件、工程合同等竣工文件及国家现行有关标准,并做好记录;

② 隐蔽工程的施工验收均应符合随工验收单或监理报告。

(3) 技术验收应符合下列规定:

① 技术验收应依据改造设计任务书、深化设计文件、工程合同等竣工文件和国家现行有关标准,进行现场检查或复核工程检验报告,并做好记录;

② 系统主要技术性能指标应根据改造设计任务书、深化设计文件和工程合同等文件确定,并在逐项检查中进行复核;

③ 设备配置的检查应包括设备数量、型号及安装部位的检查;

④ 主要安防产品的质量证明的检查应包括产品检测报告、认证证书等文件的有效性;

⑤ 系统供电的检查应包括系统主电源形式及供电模式。

9 智能化改造系统运行维护和信息安全要求

9.2 运维数字化信息平台

9.2.1 智慧运维数字化信息平台在实施过程中需满足下列要求：

（1）通过云计算与边缘计算协调架构实现既有建筑设施设备集中运维，集中监测、集中维护和集中管理的需要；

（2）平台的数据来源于智能化集成系统，如未配置智能化集成系统，则应先对各智能化系统进行集成；如既有建筑已配置智能化集成系统，则通过智能化集成系统开放相应的数据接口、提供运维数字化信息平台所需的数据；

（3）基于 BIM 的可视化运营管理需预先进行 BIM 模型轻量化处理以减少对硬件资源的消耗，满足管理过程中的性能要求。

9.3 运维场所

9.3.3 运维中心适用于需要对多分中心进行统一管理的建筑，如旅馆建筑、金融建筑等，运维中心功能分区宜包括数据机房区、监控中心区、操作人员、业务调度区、会商决策区、视频会议区和展示接待区、应急处理、后台专家远程指挥、示教区等，运维机构可根据实际情况选择简化或共享相关功能区域。